Hilger: Paletten

Dr. Peter Hilger

Paletten

Beförderungsbedingungen, Einsatzbereiche,
Umschlagsgeräte

Betriebswirtschaftlicher Verlag Dr. Th. Gabler · Wiesbaden

ISBN 978-3-663-06633-0 ISBN 978-3-663-07546-2 (eBook)
DOI 10.1007/978-3-663-07546-2

Verlags-Nr. 3385

Softcover reprint of the hardcover 1st edition 1965

Geleitwort

Dem kombinierten Verkehr hat die Spitzenvertretung der deutschen Spediteure und gewerblichen Lagerhalter bereits seit vielen Jahren große Bedeutung beigemessen. Das beweisen sowohl ein besonderer Fachausschuß als auch ein eigenes Referat für diesen Sachbereich.

Selbst für Spediteure, die die Verkehrsmaterie aus ihrer eigenen koordinierenden Arbeit genau kennen, ist es nicht immer leicht, in den komplizierten tarifarischen Handhabungen, insbesondere im Palettenverkehr, für den Auftraggeber die günstigsten Leistungs- und Tarifbedingungen zu finden. Deshalb begrüßen wir es sehr, daß gerade der Leiter des Referates „Behälter und Paletten" unseres Bundesverbandes es sich zur Aufgabe gemacht hat, das weite Feld des Palettenverkehrs unter dem tarifarischen Aspekt eingehend zu behandeln. Der Verfasser beschränkt sich nicht nur auf die Wiedergabe bestehender Vorschriften, sondern er versucht auch, aus seiner langjährigen Erfahrung insbesondere dem Leser, der sich über die Möglichkeiten der Palettenverwendung informieren möchte, die Zusammenhänge sowohl der einzelnen Anwendungsgebiete (Palettenarten) als auch der Tarifbestimmungen deutlich zu machen. Es ist erfreulich, daß zur Abrundung des Bildes ebenfalls die technischen Fragen, die sich beim Palettenumschlag und bei der Palettenlagerung zwangsläufig ergeben, behandelt werden.

Da durch die zu erwartende verkehrspolitische Entwicklung der Wettbewerb auch eine noch weiter gehende Rationalisierung des Gütertransports und der Lagerung fordern wird, hoffen wir, daß viele Leser aus diesem Buch Anregungen erhalten werden. Selbst für den internationalen Bereich kann diese Veröffentlichung wertvolle Erkenntnisse vermitteln, lassen sich doch viele Einzelprobleme und deren Lösungsversuche auf ausländische Gebiete übertragen.

Bundesverband Spedition und Lagerei e. V.

W. M. Rademacher, MdB
Präsident

Th. Meyer
Vizepräsident

Dr. W. Schlichting
Geschäftsführender Vizepräsident

Geleitwort

Kein Unternehmen, in dem größere Gütermengen behandelt oder verarbeitet werden, kann auf die Dauer einer Prüfung der Möglichkeiten des kombinierten Verkehrs ausweichen. Als Bindeglied zwischen Angebot und Nachfrage ist das Speditionsgewerbe besonders mit diesem Fragenkomplex befaßt.

Der Autor dieses Buches gehört als Vertreter des Bundesverbandes des Speditions- und Lagereigewerbes dem Achterausschuß der Studiengesellschaft für den kombinierten Verkehr e. V. an, der unter anderem auch die Grundlagen für den Palettenpool erarbeitet hat. Ich freue mich, daß seine Zugehörigkeit zu diesem Gremium und die Zusammenarbeit mit der Studiengesellschaft für den kombinierten Verkehr in zahlreichen Einzelfragen sowie das Interesse der Verwender von Paletten zur Herausgabe dieser Schrift über die tarifarischen Verfahrensweisen im Palettenverkehr geführt haben. Damit ist eine wertvolle Ergänzung der vorwiegend technischen und betriebswirtschaftlichen Literatur geschaffen worden.

Das Buch gibt darüber hinaus in konzentrierter Form auch Anleitung für die Handhabung von Paletten bei Umschlag und Lagerung unter besonderer Berücksichtigung von Hubgeräten und Staplern.

Ich hoffe, daß der gemeinsam gegründete Palettenpool dadurch auch eine nachhaltige Förderung erhalten wird, zumal das Buch sehr eingehend die Vorteile der Poolpaletten im Tarifbereich aufzeigt.

Studiengesellschaft
für den kombinierten Verkehr e. V.

Mittmann
Vorsitzender des Vorstandes

Vorwort

Die soziale Marktwirtschaft mit ihrem Wettbewerbsautomatismus zwingt die Unternehmen, immer wieder nach Rationalisierungsmöglichkeiten zu suchen. Eines der jüngsten und einschneidendsten Rationalisierungsmittel im technisch-organisatorischen Bereich ist die Palette. Sie bietet nicht nur einen zeit- und arbeitsparenden Transport, sondern sie verkürzt durch ihre Stapelfähigkeit die Transportwege, erlaubt eine Ausnutzung der dritten Dimension und ermöglicht in vielen Fällen die Einsparung von Verpackung.

Der Siegeszug der Palette begann, als der Gabelstapler seinen bedeutenden Platz in Umschlag und Transport einnahm. Wenn auch heute in einer großen Zahl von Betrieben die Palette Verwendung findet, so werden bei weiterer Verengung der Rendite, insbesondere durch die Internationalisierung des Marktes, noch viele Unternehmen diesen Entwicklungsschritt nachzuholen haben.

Für den wirtschaftlichen Einsatz der Paletten ist sowohl die Kenntnis der Technik als auch vor allen Dingen die der Tarifierungsalternativen, also der Beförderungspreise, primäre Voraussetzung. Dieses Buch hat es sich daher zur Aufgabe gemacht, über die Möglichkeiten frachtmarktpolitischen Verhaltens ein erschöpfendes Bild insbesondere für die Verkehrsträger Schiene und Straße zu geben. In Ergänzung hierzu finden Luft- und Schiffahrt Behandlung.

Die Darlegungen geben nicht nur einen umfassenden Überblick über die veröffentlichten Beförderungsbedingungen, sondern interpretieren und ergänzen diese durch Usancen, wie sie sich in der Praxis herausbilden. Darüber hinaus werden Vorschläge für Beförderungsverträge unter den verschiedenen Gesichtspunkten der Geschäftspartner vermittelt. Dabei geht das Buch auch auf alle Palettentypen, z. B. Austauschpaletten, Kundensonderpaletten, gewerbeeigene Paletten, und die verschiedenen Beförderungsarten, wie Stückgut-, Wagenladungs- und Sammelladungsverkehr, ein.

Um bei der Vielfalt der Palettenformen und -begriffe Möglichkeiten des Vergleichs und der Kombination zwischen tarifarischem und technischem Sektor zu geben, sind auch die wichtigsten technischen Gesichtspunkte definiert und charakterisiert.

Bei den Vorschlägen und Interpretationen mußte, wie das Literaturverzeichnis zeigt, neben den Veröffentlichungen aus Zeitschriften und Zeitungen vielfach auf Erfahrungen aus der Praxis zurückgegriffen werden.

Besonderen Dank möchte ich an dieser Stelle den Herren Bundesbahnrat Schmidt, Oberbetriebsleitung Süd der Deutschen Bundesbahn, Stuttgart,

Ingenieur Brauner, Bundesverband des Deutschen Güterfernverkehrs e. V., Frankfurt/M., und Dr. Kaltz, Bundesverband Spedition und Lagerei e. V., Bonn, aussprechen für die wertvolle Unterstützung bei der Zusammenstellung des Materials unter praktischen Gesichtspunkten.

Dr. Peter Hilger

Bonn, im Januar 1965

Inhaltsverzeichnis

Abkürzungsverzeichnis

Abt.	Abteilung
ADSp	Allgemeine Deutsche Spediteur-Bedingungen
AGF	Arbeitsgemeinschaft Güterfernverkehr im Bundesgebiet e. V., Frankfurt-Hausen, Königsberger Straße 1
ASp	Arbeitsgemeinschaft Spedition und Lagerei e. V., Bonn, Moltkestraße 5 a
ATV	Allgemeine Tarifvorschriften des Deutschen Eisenbahn-Gütertarifs
AT (24 B 9)	Ausnahme-Tarif
A Z O	Allgemeine Zollordnung
B	Nationale Gesellschaft der belgischen Eisenbahnen
BAG	Bundesanstalt für den Güterfernverkehr, Köln, Cäcilienstr. 20—24
BBA	Behälter-Behandlungsanweisung
BefStDV	Beförderungsteuerdurchführungsverordnung
BefStG	Beförderungsteuergesetz
B I C	Bureau International des Containers, (Internationales Behälterbüro), Paris 8 (e), 38, Cours Albert 1er
Bl.	Blatt
BRU	Bahnamtlicher Rollfuhrunternehmer
BTR	Beratungsdienst Transport-Rationalisierung des Fachverbandes Akkumulatoren und Primärbatterien im ZVEI, Frankfurt/M., Goetheplatz 7
BVM	Bundesverkehrsministerium, Bonn, Sternstraße 100
C/D-Gut	bestimmte Wagenladungsklasse
CCI	Chambre de Commerce International (Internationale Handelskammer), Paris 8^{e}, 38, Cours Albert 1er
CFL	Luxemburgische Eisenbahnen
cbm / m^3	Kubikmeter
cm^2 / qcm	Quadratzentimeter
CSD	Tschechoslowakische Staatseisenbahnen
DB	Deutsche Bundesbahn
DBD	Deutscher Behälter-Dienst GmbH
DEGT	Deutscher Eisenbahngütertarif

DDSG	Donau-Dampfschiffahrts-Gesellschaft
DIHT	Deutscher Industrie- und Handelstag, Bonn, Am Markt 26—32
DIN	Deutsche Industrie-Normung
DNA	Deutscher Normenausschuß
DR	Deutsche Reichsbahn
DSB	Dänische Staatsbahnen
DVZ	Deutsche Verkehrs-Zeitung
ECE	Economic Commission for Europe of the United Nations, Wirtschaftskommission für Europa der Vereinten Nationen, Genf, Palais des Nations
EGT	Einheitsgebührentarif
EPF	European Packaging Federation
EPP	Europäischer Palettenpool
ff.	folgende
FIATA	Fédération Internationale des Associations de Transitaires et Assimilés (Internationale Föderation der Spediteurorganisationen), Antwerpen, Tavernierkai 4
FS	Italienische Staatsbahnen
GmbH	Gesellschaft mit beschränkter Haftung
Gnr	Lochkarten-Nummer der Güterart (DEGT)
GüKG	Güterkraftverkehrsgesetz
HGB	Handelsgesetzbuch
HHLA	Hamburger Hafen- und Lagerhaus-Aktiengesellschaft
I	Italienische Bahnen
IATA	International Air Transport Association, Internationaler Luftverkehrsverband, Montreal 3, University Street 1060, Kanada
ICS	Internationale Schiffahrtskammer
IRU	International Road Transport Union, Internationale Straßentransport-Union, Genf 7, Av. de la Paix
ISO	International Organization for Standardization, Internationaler Normenausschuß, Genf 39, Route de Malagnou
KG	Kommanditgesellschaft
KVO	Kraftverkehrsordnung
NS	Niederländische Eisenbahnen
NSB	Norwegische Staatsbahnen
o. a.	oben aufgezeigt

OBL-Süd	Oberbetriebsleitung Süd der Deutschen Bundesbahn, Stuttgart, Jägerstraße 15
ÖBB	Österreichische Bundesbahnen
OHG	offene Handelsgesellschaft
P	Zeichen für private Paletten
PR	Preisrechtsvorschrift
RAL — RG 993	(Reichs-)Ausschuß für Lieferbedingungen und Gütesicherung
REI	Rat der Europäischen Industrieverbände 16e, 31, Av. Pierre 1er de Serbie
RGV	Rationalisierungsgemeinschaft Verpackung, Berlin-Grunewald, Auguste-Viktoria-Straße 66
RKT	Reichskraftwagentarif
RKW	Rationalisierungs-Kuratorium der Deutschen Wirtschaft, Frankfurt, Gutleutstraße 163—167
SBB	Schweizerische Bundesbahnen
SBB — SFF	Schweizerische Bundesbahnen
SBD	Dänische Staatsbahnen
sec.	Sekunde
SJ	Schwedische Staatsbahnen
SNCB	Belgische Eisenbahnen
SNCF	Französische Eisenbahnen
Sp.	Spalte
StVZO	Straßen-Verkehrs-Zulassungs-Ordnung
TKF	Tarifkommission für den Güterfernverkehr
UIC	Union Internationale des Chemis de Fer, Internationaler Eisenbahnverband, Paris 17, 10, Rue de Prony
UINF	Union Internationale de la Navigation Fluviale, Internationale Binnenschiffahrts-Union, Brüssel, 19, Rue de la Presse
VO	Verordnung
Ziff.	Ziffer

I. Einteilung und tarifarische Behandlung der Paletten bei der Deutschen Bundesbahn und im gewerblichen Güterfernverkehr

1. Definition und Statistik

Das Wort „Palette" ist von dem englischen „palett" abgeleitet und bezeichnet eine Ladeplatte bzw. Ladepritsche mit Füßen oder Kufen. Infolge dieser Konstruktion können Hubwagen und Gabelstapler die Palette unterfahren, anheben, transportieren und stapeln.

Man unterscheidet Flach- und Boxpaletten.

Flachpaletten bestehen aus einer einfachen Ladepritsche ohne Seitenwände. Das Gut wird auf dieser Pritsche gestapelt.

Boxpaletten haben starre oder klappbare Seitenwände meist aus Holz oder Eisen (Stahl). Diese Seitenwände sind entweder geschlossen oder durchbrochen, z. B. in Form von Lattengestellen, Drahtgittern usw. Boxpaletten können aufeinander gestapelt werden, ohne daß die darin befindlichen Güter dabei beansprucht werden. Sie unterscheiden sich von Behältern dadurch, daß sie offen, also ohne Deckel, verwandt werden und nicht verschließbar sind.

Als Ergänzung zu diesen beiden Grundformen verwendet man die *Flachpalette mit Aufsetzrahmen.* Hier werden meist durch Scharniere miteinander verbundene Seitenwände auf Flachpaletten aufgesetzt. Die Zusammenlegbarkeit dieser Palettenform erlaubt im Leerzustand raumsparenden Transport und günstige Lagerung.

Paletten können normalerweise bis zu 1 t belastet werden und fassen meist weniger als 1 cbm. Die durchschnittliche Auslastung beträgt etwa 250 kg[1]).

Paletten dienen der Zusammenfassung von Einzelcolli zu Ladeeinheiten, die durch Gabelstapler, Hubwagen usw., insbesondere beim Umschlag von einem Verkehrsmittel auf das andere, leicht manipuliert werden können. Darüber hinaus erlaubt das Stapeln der Paletten die Ausnutzung der dritten Dimension. Sie wirken auf diese Weise raumsparend und verkürzen die Transportwege. Während die Flachpaletten nur für den Transport leichtstapelbarer Güter, z. B. Kartons, verwandt werden, können in Boxpaletten nahezu alle festen Güter befördert werden.

---

[1]) Rationeller Transport, Nr. 11, 12/1962, S. 15.

In den Jahren vor 1959 wurden bereits bei den Beratungen über die Abmessungen der Poolpaletten[1]) von Deutschland gemeldet[2]):

Größe	Stückzahl
800 × 1200 mm	325 000
1000 × 1200 mm	410 000
Insgesamt	735 000

Insgesamt wurden zu dieser Zeit von allen beteiligten Ländern angegeben:

Größe	Stückzahl
800 × 1200 mm	1 974 000
1000 × 1200 mm	921 000
Insgesamt	2 895 000

Die Bundesbahn verfügt zur Zeit über rund 206 000 Flachpaletten in der Abmessung 800 × 1200 mm, über etwa 133 000 Austauschgitterboxpaletten und rund 85 000 Lyraboxpaletten in der Abmessung 800 × 1200 mm. Im Jahre 1962 waren bereits 30 % des Gesamtgütervolumens palettiert. Der Anteil des palettierten Gutes am gesamten Stückgutverkehr der Eisenbahn betrug nach der letzten Erhebung je nach Verkehrsgebiet bis zu 50 %.

Anfang 1963 fanden nach den Anmeldungen bei der Arbeitsgemeinschaft Güterfernverkehr (AGF), Frankfurt/M., im gewerblichen Fernverkehr insgesamt 501 132 Paletten Verwendung. Diese gliedern sich wie folgt[3]):

Größen	Flachpaletten		Boxpaletten		Insgesamt	
	Anzahl	%	Anzahl	%	Anzahl	%
			Gewerbeeigene Paletten			
800 × 1000	120	1,8	708	22,5	828	8,3
800 × 1200	513	7,6	437	13,9	950	9,6
1000 × 1200	4 608	68,0	1 178	37,3	5 786	58,3
Sonstige	1 531	22,6	830	26,3	2 361	23,8
Insgesamt	6 772	100,0	3 153	100,0	9 925	100,0
% der Gesamtzahl		68,2		31,8		100,0
			Kundenpaletten			
800 × 1000	4 445	1,5	48 926	24,3	53 371	10,9
800 × 1200	3 245	1,1	2 485	1,2	5 730	1,2
1000 × 1200	128 611	44,3	103 648	51,9	232 259	47,3
Sonstige	154 213	53,1	45 634	22,6	199 847	40,6
Insgesamt	290 514	100,0	200 693	100,0	491 207	100,0
% der Gesamtzahl		59,1		40,9		100,0

[1]) Poolpaletten, auch Austauschpaletten genannt, sind Flach-, Gitterbox- oder Boxpaletten, die zu einheitlichen Tauschbedingungen unter Übergang in das Eigentum des Tauschnehmers ausgetauscht werden. Die Paletten in der Abmessung 800 × 1200 mm müssen ganz bestimmten technischen Voraussetzungen entsprechen.

[2]) Der Behälterverkehr, Nr. 3, 4/1958, S. 13.

[3]) Rundschreiben des Deutschen Behälter-Dienstes, Nr. 1/3 vom 15. 2. 1963, S. 3 und 4.

Gegenüber dem Stand vom 1. 6. 1960 ist die Gesamtzahl der im Güterfernverkehr verwendeten Paletten um 29,3 % gestiegen[1]).

Bemerkenswert im Güterfernverkehrsgewerbe ist die geringe Anzahl von Austausch-Poolpaletten in der Abmessung 800 × 1200 mm. Der Grund hierfür liegt einmal darin, daß die Verpackungsgrößen der Einzelcolli noch nicht auf die Poolpalette abgestimmt sind, und zum anderen vor allem in der Tatsache, daß das Palettenmaß 800 × 1200 mm für die gesetzlich vorgeschriebenen Abmessungen der Lkw wenig geeignet ist.

Nach einer Erhebung der ASp, Bonn, wurden für 1960 im Gewerbe insgesamt 233 926 Paletten gezählt[2]).

Insgesamt wird von der Studiengesellschaft für den kombinierten Verkehr die Zahl der Paletten 800 × 1200 mm mit rund 350 000 angegeben[3]).

2. Einteilung der Paletten bei der Deutschen Bundesbahn

a) Austauschpaletten

Unter dieser Bezeichnung sind Flach-, Gitterbox- und zur Zeit noch Boxpaletten der Abmessung 800 × 1200 mm zu verstehen, die vom Kunden auf eigene Rechnung beschafft und aufgrund eines Tauschvertrages mit der Deutschen Bundesbahn unter Übergang des Eigentums ausgetauscht werden. Sie müssen bestimmte technische Voraussetzungen erfüllen, auf die noch eingegangen wird.

b) Kundensonderpaletten

Hierunter versteht man Flach-, Gitterbox- oder Boxpaletten, die nach den Normen der Gütevorschriften für Austauschpaletten gebaut sind, aber nicht getauscht werden oder zusätzliche Sondereinrichtungen aufweisen und die den Bestimmungen des Deutschen Normenausschusses entsprechen. Sie können mit bestimmten Sondereinrichtungen ausgestattet sein und auch andere Maße haben, z. B. 1000 × 1200 mm.

c) Sonderpaletten im Wagenladungsverkehr

Es handelt sich hierbei üblicherweise um Palettensonderformen, die baulich und größenmäßig von den Pool- und Kundensonderpaletten abweichen. Möglich ist auch, daß sie den technischen Voraussetzungen der Pool- und Kundensonderpaletten entsprechen, aber nicht als solche verwendet werden. *Sie können nur im Wagenladungsverkehr eingesetzt werden.* Um ihre Be-

[1]) Rundschreiben der Arbeitsgemeinschaft Güterfernverkehr — III/A/B 1/Ri — vom 20. 2. 1962.

[2]) „Zahlen des Speditions- und Lagereigewerbes", S. 30, herausgegeben von der Arbeitsgemeinschaft Spedition und Lagerei e. V., Bonn.

[3]) Bremer Landesbank, Allgemeine Information für den Außenhandel vom 7. 6. 1963.

handlung als Sonderpaletten im Wagenladungsverkehr zu erreichen, ist eine besondere Vereinbarung des Kunden mit der Deutschen Bundesbahn notwendig.

d) Sonstige private Paletten

Andere Hilfsmittel oder Behelfe, die in der Wirtschaft mitunter als Paletten bezeichnet werden, können tariflich nicht als solche angesehen und behandelt werden. Sie zählen zu den Packmitteln.

3. Einteilung der Paletten im gewerblichen Güterfernverkehr

a) Austauschpaletten

Austauschpaletten im gewerblichen Güterfernverkehr stimmen in ihrer technischen Beschaffenheit mit den Austauschpaletten bei der Bahn überein. Der Austauschvertrag wird zwischen den Verladern auf der einen und den Kraftwagenspediteuren oder Frachtführern auf der anderen Seite abgeschlossen.

b) Gewerbeeigene Paletten

Hierbei handelt es sich um Paletten, die zur Transportrationalisierung beschafft und von Kraftwagenspediteuren oder Fernverkehrsunternehmern zum Transport einer Sendung zur Verfügung gestellt werden. Sie stehen entweder im Eigentum des Spediteurs oder Unternehmers oder sind von ihm bei einer Organisation des Gewerbes oder bei einem sonstigen Dritten gemietet oder geliehen. Auch Paletten der Abmessung 800 × 1200 mm (Austauschpaletten) können gewerbeeigene Paletten sein. Die gewerbeeigenen Paletten sind bei der AGF, Frankfurt/M., anzumelden.

c) Kundensonderpaletten

Kundensonderpaletten sind Paletten, die, ohne gewerbeeigene Paletten oder Austauschpaletten zu sein, vom Verlader oder durch einen Spediteur im Güterfernverkehr eingesetzt werden. Kundensonderpaletten gehören entweder dem Kunden selbst oder werden ihm von einem Dritten (z. B. Vermieter) zur Verfügung gestellt. Kundensonderpaletten müssen bei der AGF, Frankfurt/M., angemeldet sein.

Technisch lassen sich die Kundensonderpaletten des Güterkraftverkehrs ebenso wie die gewerbeeigenen Paletten nicht eindeutig bestimmen. Besondere Bedingungen bestehen in dieser Richtung bisher nicht. Sie brauchen demgemäß nicht den Kundensonderpaletten der Deutschen Bundesbahn zu entsprechen, sondern können nach den besonderen technischen Bestimmungen der Deutschen Bundesbahn dort in eine andere Gruppe fallen.

d) Sonstige private Paletten

Ebenso wie bei der Deutschen Bundesbahn gibt es auch im Güterkraftverkehr „sonstige" Paletten, die grundsätzlich nicht unter eine der hier behandelten Formen fallen. Dies sind private Paletten, die nicht bei der AGF angemeldet sind. Meist handelt es sich hier um Sonderformen. Eine klare Abgrenzung gegenüber den Kundensonderpaletten ist nur sehr schwer möglich. Weder die Anmeldung bei der AGF noch irgendwelche technischen oder tarifarischen Vorschriften wurden bisher verbindlich festgelegt.

Die hier wiedergegebene Einteilung für den gewerblichen Güterkraftverkehr basiert im wesentlichen auf von der AGF aufgestellten Grundsätzen, die sich weitgehend an die Einteilung der Deutschen Bundesbahn anschließen.

4. Tarifarische Behandlung

Im Gegensatz z. B. zur Schweiz und zu Österreich wurde in der Bundesrepublik die Behandlung von Paletten bisher weder in den Tarifvorschriften der Bahn noch in denen des Güterkraftverkehrs festgelegt.

Begründet wird dies vornehmlich damit, daß es sich beim Einsatz von Paletten noch um ein neues Gebiet handelt, auf dem eine möglichst große Beweglichkeit notwendig sei, um sich den jeweiligen Gegebenheiten schnell anpassen zu können.

Grundgedanke für die Einführung der Palette bei der Deutschen Bundesbahn war die Rationalisierung des Umschlags. Neben der Verkürzung der Standzeiten der Waggons wurde insbesondere auch eine Personaleinsparung angestrebt.

Die anschließenden Begriffserläuterungen grenzen die Palette tarifarisch ab.

Flachpaletten sind Vorrichtungen mit ebener Ladefläche, die eine Zusammenfassung von Gütern zu einer transportfähigen Einheit gestatten und die durch Flurfördermittel bewegt werden. Die Aufnahme der Palette durch Gabelstapler muß von mindestens zwei Seiten möglich sein.

Boxpaletten sind Paletten mit mindestens drei senkrechten Wänden, die fest oder zusammenklappbar angebracht sind und die das sichere Übereinandersetzen von Boxpaletten oder Flachpaletten mit denselben Abmessungen gestatten. Boxpaletten haben keinen Deckel.

Packmittel sind alle äußeren Umhüllungen des Gutes. Sie haben die Aufgabe, das Gut gegen äußere Einwirkungen zu schützen und/oder das Gut zusammenzuhalten. Auch Gegenstände, die dem Gut „als Unterlage dienen" und es auf der Außenseite aufnehmen, wie z. B. Kabeltrommeln, sind Packmittel

Ladegeräte dienen nach dem Wortlaut des § 50 DEGT der betriebssicheren Unterbringung der Güter in oder auf dem Wagen. Unter „betriebssicher" ist dabei die Sicherheit des Eisenbahnbetriebes zu verstehen.

a) Tarifarische Behandlung bei der Deutschen Bundesbahn

Die Bahn hat die Behandlung der Paletten außerhalb des Tarifs festgelegt, und zwar in

1. den Beförderungsbedingungen der Deutschen Bundesbahn für den Verkehr mit Austauschpaletten,
2. dem Vertrag über die Verwendung von Kundensonderpaletten,
3. der Zusatzvereinbarung über die Verwendung von Kundensonderpaletten im Bahnsammelladungsverkehr,
4. der Zulassung über die Verwendung von Sonderpaletten im Wagenladungsverkehr.

Palettenformen bzw. palettenähnliche Konstruktionen, die diesen Bestimmungen — ihre ausführliche Behandlung folgt weiter unten — nicht entsprechen, werden von der Deutschen Bundesbahn nicht als Paletten anerkannt.

Das Anerkennungsverfahren gewährleistet die Beschränkung der Palettenvergünstigungen auf Fördermittel, die den vorausgesetzten Anforderungen auch tatsächlich entsprechen. Andere Hilfsmittel, die in der Praxis als Paletten bezeichnet werden, können im tariflichen Sinne nicht als solche angesprochen werden. Sie werden unter der Bezeichnung „Sonstige private Paletten" zusammengefaßt.

Von dieser Regelung bilden alle die Paletten eine Ausnahme, die den Eisenbahnen als Gut, d. h. also nicht in Verbindung mit einem anderen Transport, aufgeliefert werden. Es handelt sich dabei um Paletten, die entweder neu oder im Lastlauf mit einem anderen Beförderungsmittel transportiert worden sind. Eine Anerkennung für diese unter Gnr 1631[1]) des DEGT, Teil I Abt. B, fallenden Paletten ist nicht notwendig, da die Einstufung in Klasse C/D keine tarifliche Begünstigung bedeutet.

b) Tarifarische Behandlung im gewerblichen Güterfernverkehr

Im Güterfernverkehr wird die Palette vornehmlich aus Gründen der Rationalisierung eingesetzt. Durch ihre Verwendung, vor allem im Ladungsverkehr, sollen die Ladezeiten verkürzt und die Jahreskilometerleistung der Kfz erhöht werden. Deshalb werden Paletten im Kraftverkehr zuerst, und zwar ausschließlich als Flachpaletten, von den Transportunternehmern eingesetzt. Insbesondere auch für den Verlader bietet die Palettierung wesent-

---

[1]) Im DEGT, Fassung vom 1. 8. 1964: Gnr 3808/3809.

liche Vorteile, die sich in der Verbilligung des Ladegeschäftes, des innerbetrieblichen Transports und der Lagerung ebenso wie in der Einsparung von Verpackung auswirken. Daher sind die Verlader immer mehr dazu übergegangen, ihr Gut auf eigenen Paletten aufzuliefern.

Der Paletteneinsatz der Verlader blieb jedoch nicht nur auf gut ausgelastete Flachpaletten beschränkt. In stärkerem Maße werden heute auch schlecht ausgelastete Paletten und insbesondere immer häufiger Palettensonderformen zum Versand gebracht. Hierbei handelt es sich vielfach um Paletten, die speziell für bestimmte Güter eingerichtet sind. Diese Paletten weisen oft hohe Eigengewichte auf und sind im Leerzustand nicht zusammenlegbar. Dadurch entstehen beim Transport hohe Totlasten.

Aus dieser technisch und wirtschaftlich sehr unterschiedlichen Situation ergeben sich zwangsläufig besondere Probleme bei der frachtmäßigen Behandlung der Paletten. Lediglich für Austauschpaletten wurde bisher von der AGF unter Anlehnung an die entsprechenden Vorschriften der Deutschen Bundesbahn ein Mustervertrag unter dem Titel „Beförderungsbedingungen für den Verkehr mit Austauschpaletten im gewerblichen Güterfernverkehr“ erstellt, der die Bedingungen der in der Praxis üblichen Austauschverträge enthält. Hiervon abweichende Vereinbarungen bleiben möglich.

Für die sonstigen Paletten — gewerbeeigene Paletten, Kundensonderpaletten und sonstige private Paletten — liegen derartige Musterverträge nicht vor. Nach herrschender Auffassung soll jedoch die Frachtberechnung für Paletten bei Bahn und Güterfernverkehr möglichst gleich erfolgen. Dabei ergibt sich allerdings eine Schwierigkeit. So ist z. B. ein wesentliches Merkmal der Kundensonderpaletten, daß sie bei der Deutschen Bundesbahn als solche eingestellt sein müssen, während ein gleicher Vertrag für den Güterfernverkehr nicht besteht. Um ein ähnliches Verfahren wie die Einstellung bei der Deutschen Bundesbahn zu erzielen, ist eine Registrierung der Paletten der Verlader, der Kraftwagenunternehmer und der Spediteure bei der Arbeitsgemeinschaft Güterfernverkehr notwendig, damit ihnen der Status von Kundensonderpaletten bzw. gewerbeeigenen Paletten zuerkannt werden kann. Die bei der AGF nicht registrierten Paletten sind dagegen als „sonstige private Paletten“ anzusehen.

Diese Auffassung ist allerdings bisher nicht durch eine tarifliche Fixierung sanktioniert worden. Es bedarf daher jeweils noch einer ausdrücklichen oder stillschweigenden Vereinbarung dergestalt, daß für den Palettentransport die entsprechenden Bedingungen der Deutschen Bundesbahn Gültigkeit haben.

Von den Paletten — gewerbeeigenen Paletten, Kundensonderpaletten und sonstigen privaten Paletten — zu unterscheiden sind die insbesondere bei den Kundensonderpaletten immer häufiger auftretenden Sonderausrüstungen, wie Bandeisen, Schnüre, Kantenbleche und sonstige Befestigungsmittel. Ferner werden Zwischenbretter, zum Teil mit Aussparungen, Einkerbungen und Rillen, verwendet. Diese zusätzlichen Hilfsmittel haben vor allem die Aufgabe, die verladenen Güter zu schützen und zusammenzuhalten. Ihr Gewicht wird, obwohl eine Abgrenzung gegenüber der Palette zuweilen schwierig sein kann, im Lastlauf dem Gewicht des Gutes zugeschlagen. Im Leerlauf, auch auf Paletten gestapelt, sind sie nach vorangegangenem Lastlauf wie gebrauchte Packmittel zu behandeln.

II. Austauschpaletten (Poolpaletten)

1. Der deutsche Palettenpool

a) Entwicklung

Durch die Verbreitung des Gabelstaplers rückte auch die Palette in den vergangenen Jahren immer mehr in den Vordergrund. Bereits 1957/58 befaßten sich die maßgeblichen internationalen Gremien, insbesondere aber die Internationale Verkehrsministerkonferenz und die Internationale Handelskammer mit der Frage einer genormten Palettenabmessung. Vor allen Dingen wollte man hierdurch eine einheitliche Entwicklung auf dem Palettensektor einleiten, um auch im internationalen Bereich die Transporte durch diese Normung zu rationalisieren. Einer der bedeutendsten Rationalisierungseffekte, der angestrebt wurde, war der Wegfall des leeren Rücktransports. Durch einen Beschluß der Internationalen Handelskammer wurde für die Einheitspalette die Abmessung 800 × 1200 mm festgelegt. Daneben wurde jedoch durch bilaterale Abkommen vereinbart, die noch vorhandenen Paletten vom Typ 1000 × 1200 mm übergangsweise zu verwenden. Nur England stimmte diesem Beschluß nicht zu.

Die nachstehend aufgeführten acht internationalen Organisationen:

Internationales Behälterbüro (BIC),

Internationale Binnenschiffahrtsunion (UINF),

Internationaler Eisenbahnverband (UIC),

Internationale Föderation der Spediteurorganisationen (FIATA),

Internationale Handelskammer (CCI),

Rat der Europäischen Industrieverbände (REI),

Internationale Schiffahrtskammer (ICS),

Internationale Straßentransportunion (IRU),

haben darüber hinaus noch über weitere Fragen, z. B. die Materialverwendung, beraten. Für die deutsche Gruppe zeichnete der Achterausschuß der Studiengesellschaft für den kombinierten Verkehr, früher Studiengesellschaft für den Behälterverkehr, verantwortlich. Diesem Achterausschuß gehören neben anderen Institutionen, wie z. B. Bundesverkehrsministerium, Rationalisierungskuratorium der Deutschen Wirtschaft, insbesondere an:

Arbeitsgemeinschaft Güterfernverkehr,

Arbeitsgemeinschaft Güternahverkehr,

Arbeitsgemeinschaft Spedition und Lagerei,

Bundesverband der Deutschen Industrie,

Deutsche Bundesbahn,

Deutscher Industrie- und Handelstag,

Verband Deutscher-Nichtbundeseigener Eisenbahnen,

Verband der Landwirtschaftskammern.

In zwei Arbeitskreisen untersuchte der Ausschuß die technischen und organisatorischen Voraussetzungen. Anläßlich der Mitgliederversammlung der Studiengesellschaft am 20. 11. 1959 in Stuttgart konnten bereits die „Allgemeinen Bedingungen für den Verkehr mit Austauschpaletten in der Bundesrepublik (Palettenpool)“ veröffentlicht werden. Die Bedingungen traten am 1. 1. 1960 in der Bundesrepublik in Kraft.

b) Allgemeine Bedingungen

1. *Begriffsbestimmung*

Austauschpaletten sind Paletten, die zu einheitlichen Tauschbedingungen unter Übergang in das Eigentum des Tauschnehmers ausgetauscht werden. Austauschpaletten können freizügig mit jedem Verkehrsmittel auf Schiene und Straße befördert werden.

2. *Technische Voraussetzungen, Kennzeichen, Abnahme*

2.1 Als Austauschpaletten werden zugelassen:

2.11 Flachpaletten nach DIN 15 146 Blatt 2 (Abmessungsnorm) und 15 147 (Gütenorm)

2.12 Gitterboxpaletten nach DIN 15 155 (Abmessungsnorm) und 15 156 (Gütenorm)[1]).

2.2 Die Austauschpaletten erhalten

a) ein anerkanntes Kennzeichen[2]),

b) das Kurzzeichen des Herstellers.

Das Kennzeichen nach a) ist so anzubringen, daß es in der Ruhelage ohne weiteres sichtbar ist, Buchstaben sind in Blockschrift, Zahlen in arabischen Ziffern anzugeben. Boxpaletten sind — ausgenommen die Ladefläche — mit einem dauerhaften Anstrich zu versehen, der sie als Austauschpalette äußerlich kennzeichnet.

---

[1]) Übergangsweise werden Boxpaletten nach DIN 15 142 mit dem Grundmaß 800 × 1200 mm als Austauschpaletten anerkannt; die Dauer der Übergangszeit wird noch besonders vereinbart und rechtzeitig bekanntgegeben.

[2]) Kennzeichnung der Tauschpalette nach DIN 15 146 Blatt 2:

Kennzeichnung „DB“ auf dem linken Eckklotz auf beiden Breitseiten.
Kennzeichnung „EUR“ auf dem rechten Eckklotz auf beiden Breitseiten.

Gütezeichen „RAL RG 993“ mit der Betriebsnummer des Herstellers auf dem mittleren Klotz auf einer Schmalseite.

Kennzeichnung von Tausch-Gitterboxpaletten nach DIN 15 155:

Oberes rechtes Beschriftungsschild:

Kennzeichen „DIN“ links oben.
Kennzeichen „DB“ rechts oben.
Eigengewicht und Tragfähigkeit rechts unten.

Unteres linkes Beschriftungsschild:

Gütezeichen „RAL RG 993“ links unten.

2.3 Austauschpaletten werden beim Hersteller auf Einhaltung der Güte- und Normvorschriften geprüft und abgenommen.

Hersteller von Austauschpaletten beantragen die Abnahme der von ihnen hergestellten Paletten bei der Studiengesellschaft für den kombinierten Verkehr e. V., Frankfurt/M., Freiherr-vom-Stein-Str. 48. Diese übermittelt die Anträge den zuständigen Abnahmestellen zur Durchführung. Das anerkannte Kennzeichen kann nur mit Zustimmung der Abnahmestelle an den Paletten angebracht werden[1]).

Die Abnahme ist gebührenpflichtig.

3. *Palettenverwendung*

3.1 Austauschpaletten werden nach den für den einzelnen Verkehrsträger gültigen Bestimmungen behandelt. Der Verkehrsnutzer, der beabsichtigt, sich am Tauschverkehr zu beteiligen, hat dies dem Verkehrsträger und gegebenenfalls dem Spediteur, der die Beförderung durchführen will, unter Angabe der voraussichtlichen Gesamtzahl und Art der Paletten rechtzeitig vorher anzuzeigen und dessen Beförderungsbedingungen anzuerkennen.

3.2 Der Austausch von Paletten im Stückgutverkehr erfolgt Zug um Zug.

3.3 Im Ladungsverkehr können Austauschpaletten ebenfalls verwendet werden. Ein Austausch Zug um Zug findet grundsätzlich nicht statt. Die näheren Einzelheiten der Verwendung im Ladungsverkehr werden durch eine Vereinbarung zwischen den Beteiligten geregelt.

3.4 Austauschpaletten dürfen ein Bruttogewicht je Palette von 1000 kg nicht überschreiten.

3.5 Die zu tauschenden Paletten müssen in einwandfreiem baulichem Zustand, besenrein und gleicher Art sein. Es können also nur Flachpaletten gegen Flachpaletten bzw. Gitterboxpaletten gegen Gitterboxpaletten getauscht werden.

4. *Schäden, Ausbesserung und Erneuerung*

Verkehrsträger und Verkehrsnutzer haben beim Tausch der Paletten deren Zustand zu prüfen. Nicht einwandfreie Paletten sind vom Tausch ausgeschlossen. Einwände gegen den Zustand der Paletten sind bei der Übernahme vom Tauschnehmer anzubringen. Nachträgliche Beanstandungen sind ausgeschlossen. Der jeweilige Eigentümer hat Schäden zu beseitigen und unbrauchbare Paletten zu erneuern.

2. Gütegemeinschaft Paletten

Die Qualität der Poolpalette wird in Deutschland durch die „Gütegemeinschaft Paletten der Studiengesellschaft für den kombinierten Verkehr“ gesichert. Die Gütegemeinschaft ist ein Zusammenschluß der Paletten herstellenden Industrie, die sich dazu verpflichtet hat, Austauschpaletten in einer

[1]) Alle nach den DIN-Blättern DIN 15 146 Blatt 2 und DIN 15 155 gebauten Paletten sind im Auftrag der Gütegemeinschaft Paletten der Studiengesellschaft für den kombinierten Verkehr e. V. den zuständigen Abnahmeämtern der Deutschen Bundesbahn zur Abnahme zu melden. Der Stempel des zuständigen Bundesbahnabnahmeamtes ist neben dem Gütezeichen anzubringen.

bestimmten Ausführung herzustellen. Der Güteausschuß hat beratende Funktionen. Er setzt sich aus vier Mitgliedern der Verkehrswirtschaft und vier Mitgliedern der Paletten herstellenden Industrie zusammen. Die Hersteller beantragen bei der Gütegemeinschaft ihre Aufnahme. Geprüft werden sowohl das Fabrikat als auch die Fabrikationsmethode sowie die eingesetzten maschinellen Anlagen. Entspricht das Prüfungsergebnis den Richtlinien der Gütegemeinschaft, so wird die Aufnahmegenehmigung erteilt.

Den Güte- und Prüfbestimmungen liegen die gültigen Normblätter zugrunde. Die Gütegemeinschaft hat darüber hinaus jederzeit die Möglichkeit, zusätzliche oder andere Gütebestimmungen zu beschließen.

Paletten, die den Güte- und Prüfbestimmungen entsprechen, tragen das Gütezeichen und werden jederzeit von allen am Tauschverfahren Beteiligten getauscht.

a) Güte- und Prüfbestimmungen

Die Bedingungen der Gütegemeinschaft Paletten haben folgenden Wortlaut:

1. *Begriffsbestimmungen und Geltungsbereich*

1.1 Paletten sind Vorrichtungen mit einer horizontalen Ladefläche, auf denen Güter so zu einer Ladeeinheit zusammengefaßt werden, daß sie mit Hilfe von Gabelstaplern und Gabelhubwagen bewegt werden können.

1.2 Austausch-Paletten im Sinne dieser Bestimmungen sind freizügig von jedem Verkehrsunternehmer auf Schiene und Straße zu befördernde Paletten, die zu einheitlichen Tauschbedingungen unter Übergang in das Eigentum des Tauschabnehmers ausgetauscht werden.

1.3 Diese Bestimmungen gelten für Paletten gemäß Ziffer 1.1 und 1.2, die nach den Gütebestimmungen Ziffer 2 und den Prüfbestimmungen Ziffer 3 unter Anwendung des Gütezeichens RAL-RG 993 gefertigt werden und einer Abnahme (Ziff. 3.4) und Güteüberwachung (Ziff. 4.3) unterliegen.

2. *Gütebestimmungen*

2.1 Für die Herstellung von Flachpaletten aus Holz (Austauschpaletten) gelten die Vorschriften nach DIN 15 146 Blatt 2 sowie nach DIN 15 147 Abschnitte 1 und 2.

2.2 Für die Herstellung von Gitterboxpaletten aus Stahl (Austauschpaletten) gelten die Vorschriften nach DIN 15 155 sowie nach DIN 15 156 Abschnitte 1 und 2.

2.3 Für die Herstellung von Boxpaletten aus Stahl (Lyrapaletten) gelten die Vorschriften nach DIN 15 142 Bild 4 in Verbindung mit den aus der Zeichnung Gg 809.67 Bl. 6 der Deutschen Bundesbahn, Bundesbahn-Zentralamt Minden, hervorgehenden Bestimmungen.

3. *Prüfbestimmungen*

3.1 Für die Güteprüfung von Flachpaletten (Ziff. 2.1) gelten die Vorschriften nach DIN 15 147 Abschnitt 3.

3.2 Für die Güteprüfung von Gitterboxpaletten (Ziff. 2.2) gelten die Vorschriften nach DIN 15 156 Abschnitt 3.

3.3 Bei der Güteprüfung von Boxpaletten (Lyrapaletten, Ziff. 2.3) ist sinngemäß nach DIN 15 156 Abschnitt 3 zu verfahren, soweit die Bestimmungen auf der Zeichnung Gg 809.67 Bl. 6 nicht etwas anderes vorschreiben.

3.4 Die Güteprüfung von Austauschpaletten wird vom Abnahmedienst der Deutschen Bundesbahn vorgenommen.

3.5 Durch die Prüfung gemäß Ziffer 3.4 werden sonstige Maßnahmen der Überwachung auf Innehaltung der Gütebestimmungen (Ziff. 4.3) nicht berührt.

4. *Gütezeichen*

4.1 Die Studiengesellschaft für den kombinierten Verkehr e. V. führt für die „Gütegemeinschaft Paletten der Studiengesellschaft für den kombinierten Verkehr e. V." das Gütezeichen

4.2 Paletten, die diesen Güte- und Prüfbestimmungen RAL-RG 993 entsprechen, tragen als Gütezeichen

RAL-RG 993 [1]

Das Gütezeichen ist bei Flachpaletten auf einer Außenseite des Mittelklotzes der Schmalseite, bei Gitterboxpaletten auf dem linken unteren Beschriftungsschild sowie bei Boxpaletten (Lyrapaletten) auf dem Beschriftungsschild in der linken unteren Ecke parallel zum Rohrrahmen anzubringen.

4.3 Für die Anwendung des Gütezeichens gelten ausschließlich die Satzung der Gütegemeinschaft Paletten und die Besonderen Bedingungen für die Verleihung und Führung des Gütezeichens RAL-RG 993.

4.4 Als Herstellerzeichen wird bei Flachpaletten zusammen mit dem Gütezeichen die von der Gütegemeinschaft bestimmte Betriebsnummer des Herstellers eingebrannt. Bei der Gitterboxpalette gelten die Vorschriften nach DIN 15 155. Bei der Boxpalette (Lyrapalette) ist das Herstellerzeichen an der Unterseite des Aufsetzrahmens, in der Mitte der geschlossenen Längswand, mit Angabe des Baujahrs, aus Metall dauerhaft anzubringen.

---

[1]) Das Zeichen **RAL** ist dem (Reichs-)Ausschuß für Lieferbedingungen und Gütesicherung gesetzlich geschützt.

5. *Kennzeichen*

Das europäische Kennzeichen für Austausch-Flachpaletten besteht aus dem Kurzzeichen der jeweiligen Eisenbahnverwaltung, für die Bundesrepublik Deutschland also aus den beiden Buchstaben „DB“ und den drei Buchstaben „EUR“. Mit Brennstempel ist auf den linken Eckklötzen beider Breitseiten der Flachpaletten „DB“ und auf den rechten Eckklötzen beider Breitseiten „EUR“ einzubrennen. Für Gitterboxpaletten gelten die Vorschriften nach DIN 15 155.

6. *Änderungen dieser Bestimmungen RAL-RG 993*

6.1 Die Studiengesellschaft für den kombinierten Verkehr e. V. kann im Einvernehmen mit der Gütegemeinschaft Paletten diese Bestimmungen RAL-RG 993 ändern oder zusätzliche oder neue Bestimmungen (insbesondere durch Übernahme einschlägiger DIN-Normen oder RAL-Vereinbarungen oder gemeinschaftseigener Güte- und Prüfbestimmungen) beschließen.

6.2 Dementsprechende Veränderungen dieser Bestimmungen bedürfen der Anerkennung durch den RAL (Ausschuß für Lieferbedingungen und Gütesicherung beim Deutschen Normenausschuß) und werden mit Beurkundung dieser Anerkennung wirksam. Sie werden hiernach vom RAL als Bestandteil dieser Bestimmungen unter RAL-RG 993 registriert und nach angemessener Frist, in der Regel 3 Monate nach Bekanntgabe, vom Vorstand der Studiengesellschaft in Kraft gesetzt.

Neue vorläufige Güte- und Prüfbestimmungen

In Abstimmung mit dem Abnahmedienst der Deutschen Bundesbahn hat der Güteausschuß der Gütegemeinschaft Paletten am 20. 5. 1964 mit sofortiger Wirkung *neue vorläufige Güte- und Prüfbestimmungen* für Herstellung und Abnahme von Pool-Flachpaletten nach DIN 15 146 Bl. 2 in Verbindung mit DIN 15 147 beschlossen (vgl. Ziffer 6 der Güte- und Prüfbestimmungen der Gütegemeinschaft Paletten). Damit wird eine gleichmäßige Abnahme der Pool-Flachpaletten sichergestellt.

1. Länge der Paletten	1 200 $^{+3}_{-3}$ mm
2. Breite der Paletten	800 $^{+3}_{-3}$ mm
3. Brettbreiten	100 $\pm$ 2 mm 145 $\pm$ 2 mm
4. Brettstärke	22 $\pm$ 1 mm
5. Klotzlänge	145 $\pm$ 2 mm
6. Klotzbreite	100 $\pm$ 2 mm 145 $\pm$ 2 mm
7. Gesamthöhe	144 $^{+5}_{-3}$ mm
8. Einfahrhöhe	100 $^{+3}_{-1}$ mm
9. Holzfeuchte für Weich- und Hartholz	$<$ 20 % mit Gant-Gerät gemessen (nicht am Hirnholz messen)

Eine Festlegung des Gewichts ist nicht erforderlich, da dieses durch den Feuchtigkeitsgrad der Luft beeinflußt wird.

10. Bearbeitung von Brettern und Klötzen

    Die Bretter dürfen nicht mit Spelzen behaftet sein

    Innerhalb der Palette aufeinanderliegende Brett- und Klotzflächen müssen plangehobelt sein

11. Schraubenverbindung

    Vorbohren der Schraubenlöcher bei Senkholzschrauben 6 × 90 mm:

    Bohrung 5 mm ∅
    bei Pappel 55 mm tief
    bei Buche und Eiche 60 mm tief

    bei Senkholzschrauben 5 × 40 mm:

    Bohrung 4 mm ∅
    25 mm tief

    Die Senkholzschrauben dürfen nicht eingeschlagen werden

    Die Senkköpfe dürfen nicht überstehen

Über das Vorbohren folgen nach Abschluß einer Versuchsreihe noch ausführlichere Richtlinien.

12. Leimen von Brettern und Klötzen — Leimen in Längsrichtung der Faser; wasserfester Leim, Fugen gefüllt, wie nach DIN 15 147 vorgesehen

13. Querwuchs — Nicht zulässig

14. Drehwuchs — Geringer Drehwuchs zulässig

15. Aststellen — Astquerschnitt je Brett $< 1/3$ Brettbreite bei einem Abstand $<$ 15 cm zulässig. Äste mit einem Durchmesser unter 1 cm bleiben unberücksichtigt, Randäste sind nicht zulässig

16. Harzgallen — Auf den Außenseiten der Palette nicht zulässig

17. Risse — Wie nach DIN 15 147 vorgesehen

18. Baumkanten — Vereinzelte Baumkanten bis $1/3$ der Brettstärke zulässig

19. Faulstellen — Nicht zulässig

20. Verfärbung — Geringe Verfärbung, bei Buche gesunde Rotkernfärbung zulässig

21. Schädlingsbefall — Außer Pappelbock ist Schädlingsbefall nicht zulässig

b) Besondere Bedingungen für die Verleihung und Führung des Gütezeichens RAL-RG 993

1. *Verleihung des Gütezeichens*

1.1 Durch die Vorschriften RAL-RG 993 ist die Studiengesellschaft für den kombinierten Verkehr e. V. berechtigt, das Zeichen RAL-RG 993 als Gütezeichen anzuwenden.

1.2 Die Rechte der Studiengesellschaft an diesem für die „Gütegemeinschaft Paletten" eingeführten Gütezeichen werden wahrgenommen durch den Vorstand und den Güteausschuß der Gütegemeinschaft, die hiermit die Befugnis erhalten, namens der Studiengesellschaft die für die Wahrung und den Schutz des Gütezeichens sowie für dessen Verleihung und Benutzung erforderlichen Maßnahmen gemäß diesen Besonderen Bedingungen zu treffen.

1.3 Dementsprechend verleiht die Gütegemeinschaft durch ihre Organe auf Antrag das Recht zur Führung des Gütezeichens für Paletten als Ausweis dafür, daß die Innehaltung der Gütebestimmungen RAL-RG 993 von den Zeichenbenutzern gewährleistet ist und von der Gütegemeinschaft durch Prüfungen zusätzlich überwacht wird.

1.4 Der Antrag auf Verleihung des Gütezeichens und auf Aufnahme als Mitglied ist an die Geschäftsstelle der „Gütegemeinschaft Paletten der Studiengesellschaft für kombinierten Verkehr e. V." in Frankfurt/M. zu richten. Dem Antrag ist ein unterschriebener Verpflichtungsschein beizufügen.

1.5 Der Antrag und die Voraussetzungen zur Zeichenverleihung und zur Aufnahme als Mitglied werden durch den Güteausschuß (Ziff. 8.4 der Satzung) geprüft. Mit der Prüfung angeforderter Erzeugnismuster auf Innehaltung der Gütebestimmungen vor der Zeichenverleihung kann der Güteausschuß eine neutrale Prüfstelle oder den Abnahmedienst der Deutschen Bundesbahn beauftragen. Ferner kann der Güteausschuß durch neutrale sachverständige Beauftragte eine Besichtigung des Betriebs des Antragstellers vornehmen. Hierbei und bei Prüfung von Erzeugnismustern entstehende Kosten trägt der Antragsteller.

1.6 Je nach Ergebnis der Prüfung wird vom Güteausschuß entweder dem Vorstand der Gütegemeinschaft die Verleihung des Gütezeichens vorgeschlagen, die dieser im Einvernehmen mit dem Vorstand der Studiengesellschaft beurkundet, oder dem Antragsteller werden die Gründe der Zurückstellung mitgeteilt, damit nach deren Abstellung der Verleihungsantrag wiederholt werden kann.

2. *Gütezeichenbenutzung*

2.1 Das Recht zur Benutzung des Gütezeichens wird den Mitgliedern ausschließlich für die Erzeugnisse verliehen, die den Gütebestimmungen RAL-RG 993 entsprechen.

2.2 Der Gütegemeinschaft steht das alleinige Recht zu, Kennzeichnungsmittel des Gütezeichens für verschiedene Anwendungszwecke (Druckstock[1]), Siegelmarken o. ä.) herstellen zu lassen und an die Zeichenbenutzer auszugeben oder ausgeben zu lassen und die Verwendungsarten näher festzulegen.

---

[1]) Präge- oder Brandstempel, Gummistempel, Metallprägung.

2.3 Für den Gebrauch des Gütezeichens in der Werbung kann der Vorstand besondere Bestimmungen treffen.

2.4 Das Recht zur Benutzung des Gütezeichens erlischt beim Ausscheiden des Mitglieds aus der Gütegemeinschaft. Die Mitglieder verpflichten sich, beim Ausscheiden oder bei Entziehung des Rechts zur Zeichenbenutzung (Ziff. 4.1c) die im Besitz befindlichen Kennzeichnungsmittel des Gütezeichens (Ziff. 2.2) und die Verleihungsurkunde ohne Verzug an die Gemeinschaft zurückzugeben. Ein Anspruch auf Kostenerstattung besteht nicht.

2.5 Die Verleihung oder die Entziehung des Gütezeichens wird den Mitgliedern der Gemeinschaft, den Organen der Studiengesellschaft sowie dem RAL bekanntgegeben.

3. *Überwachung*

3.1 Die Gütegemeinschaft ist berechtigt und verpflichtet, die Benutzung des Gütezeichens und die Innehaltung der Gütebestimmungen RAL-RG 993 zu überwachen.

3.2 Jedes Mitglied, dem das Gütezeichen verliehen ist, hat die notwendigen Vorkehrungen zu treffen und ist gewährleistungspflichtig, daß die mit dem Gütezeichen gekennzeichneten Erzeugnisse den Gütebestimmungen gleichbleibend entsprechen. Es unterwirft diese Erzeugnisse den Überwachungsprüfungen durch den Güteausschuß (Ziff. 8.4 der Satzung) bzw. dessen Beauftragte oder durch die beauftragte Prüfstelle (Ziff. 1.5). Hierdurch entstehende Prüfungs- und Transportkosten trägt das betreffende Mitglied.

3.3 Der Güteausschuß oder von ihm bevollmächtigte Beauftragte oder solche der beauftragten Prüfstelle (Ziff. 1.5) können im Betrieb des Zeichenbenutzers jederzeit Erzeugnisproben anfordern oder entnehmen, Stichproben vornehmen und den Betrieb während der Betriebsstunden ohne vorherige Anmeldung besichtigen. Angeforderte Proben sind unverzüglich zu überlassen. Erzeugnisse können zu Lasten des Zeichenbenutzers außerdem aus dem Verkehr entnommen und überprüft werden.

3.4 Im Falle eines negativen Ausfalls einer Prüfung oder bei Beanstandung einer Lieferung kann sowohl auf Weisung des Güteausschusses wie auf Wunsch des Betroffenen eine wiederholte Prüfung erfolgen.

3.5 Über jede Überwachungsprüfung ist vom Prüfer oder von der Prüfstelle (Ziff. 1.5) ein Zeugnis auszustellen, von welchem je eine Ausfertigung der Gütegemeinschaft und dem betreffenden Zeichenbenutzer zugestellt wird.

3.6 Bei Beanstandungen an Konkurrenzerzeugnissen trägt die Prüfkosten bei unberechtigter Beanstandung der Antragsteller, bei berechtigter Beanstandung der gegen die Gütebestimmungen verstoßende Zeichenbenutzer. Diese Regelung gilt auch für Prüfungen, die von Abnehmern der Erzeugnisse bei der Gütegemeinschaft beantragt werden.

3.7 Die Gewährleistungspflicht des Zeichenbenutzers (Ziff. 3.2) schließt eine Haftpflicht der Studiengesellschaft oder ihrer Organe oder Beauftragten für die Erzeugnisse des Zeichenbenutzers aus.

4. *Ahndung von Verstößen*

4.1 Bei Verstößen gegen die Satzung der Gemeinschaft oder diese Besonderen Bedingungen, insbesondere bei Nichteinhaltung der Gütebestimmungen RAL-RG 993, kann der Vorstand

a) eine Verwarnung aussprechen,

b) die Zahlung eines Bußgeldes je nach Umfang des Verschuldens zugunsten der Gemeinschaftskasse verhängen,

c) die Berechtigung zur Führung des Gütezeichens befristet oder dauernd entziehen,

d) das Mitglied aus der Gütegemeinschaft ausschließen.

4.2 Eine Verwarnung wird ausgesprochen und/oder ein Bußgeld wird verhängt, und die Mitglieder verpflichten sich zur Zahlung des Bußgeldes innerhalb zwei Wochen nach Zustellung des Ahndungsbescheids, wenn gemäß Ziffer 3 Abweichungen von den einzuhaltenden Gütebestimmungen oder Zeichenbenutzungsbedingungen festgestellt werden.

4.3 Die Berechtigung zur Führung des Gütezeichens wird befristet oder dauernd entzogen, wenn wiederholt gegen die Gütebestimmungen oder Zeichenbenutzungsbedingungen verstoßen ist.

4.4 Der Vorstand kann eine Ahndung gemäß Ziff. 4.1 beschließen, wenn das Mitglied unverzügliche Prüfungen (Ziff. 3.2 und 3.3) verzögert oder verhindert.

4.5 In dringenden Fällen kann der Vorsitzende der Gemeinschaft einem Mitglied die Benutzung des Gütezeichens mit sofortiger Wirkung vorläufig untersagen. Eine derartige Anordnung ist innerhalb von 14 Tagen gemäß Ziff. 4.1 vom Vorstand zu bestätigen oder aufzuheben.

4.6 Bevor einem Mitglied gemäß Ziff. 4.1 das Recht zur Zeichenbenutzung entzogen oder das Mitglied aus der Gütegemeinschaft ausgeschlossen wird (Ziff. 3.4 der Satzung), muß dem Mitglied unter Fristsetzung von 10 Tagen Gelegenheit zur Äußerung gegeben werden.

4.7 Gegen einen Ahndungsbescheid des Vorstandes gemäß Ziff. 4.1 kann das betroffene Mitglied innerhalb von 14 Tagen nach Zustellung des Bescheids beim Güteausschuß Beschwerde einlegen. Wird die Beschwerde verworfen, so kann der Beschwerdeführer eine Entscheidung gemäß Ziff. 10 der Satzung herbeiführen.

4.8 Erst nach einer Frist von drei Monaten nach Entziehung des Gütezeichens (Ziff. 4.1c) beziehungsweise von sechs Monaten nach Ausschluß aus der Gütegemeinschaft (Ziff. 3.4 der Satzung) kann eine Wiederverleihung des Gütezeichens beziehungsweise die Wiederaufnahme in die Gemeinschaft als Mitglied beantragt werden, wenn der Antragsteller gemäß Ziff. 1 verfährt. Außer den geltenden Bestimmungen hierfür (Ziff. 1) kann in diesen Fällen der Vorstand besondere Vorschriften der Bewährung festlegen.

5. *Schutz des Gütezeichens*

5.1 Aufgabe der Gütegemeinschaft ist es, gegen Störungen und Beeinträchtigungen des Zeichengebrauchs zum Schutze des Gütezeichens vorzugehen und bei Mißbrauch des Gütezeichens einzuschreiten.

5.2 Die Mitglieder der Gütegemeinschaft verpflichten sich, ihnen bekanntwerdende Verstöße gegen die Zeichenbenutzungsbedingungen unverzüglich dem Geschäftsführer der Gütegemeinschaft mitzuteilen, damit die Verletzung auf geeignete Weise verfolgt werden kann.

5.3 Den Mitgliedern bleibt überlassen, etwaige Ansprüche auf Ersatz eines ihnen durch Verletzungen entstandenen Schadens zivilrechtlich geltend zu machen.

(Ort und Datum)

Studiengesellschaft für den kombinierten Verkehr e. V.

Gütegemeinschaft Paletten der Studiengesellschaft für den kombinierten Verkehr e. V.

(Unterschrift Vorsitzender)

(Unterschrift Vorstand)

(Unterschrift Geschäftsführer)

c) Mitglieder[1])

Hersteller von Poolpaletten nach DIN 15 146 Blatt 2 in Verbindung mit DIN 15 147

1. Altenländer Kistenfabrik, 2161 Hollern-Siebenhöfen Nr. 146, Kreis Stade
2. Hermann Bilgen, Kistenfabrik, 5941 Heinsberg über Altenhundem (Lenne)
3. Holzwerke Borchard, 3200 Hildesheim, Hafenkopfstr. 5
4. Gebr. Buchholz, 3389 Braunlage (Harz)
5. Ernst Büsching, 3113 Suderberg (Kreis Ülzen)
6. Eberhard & Co., 8776 Heigenbrücken (Spessart)
7. H. Ehlers OHG, 2000 Hamburg-Wandsbek, Königsreihe 16—22
8. Gebr. Karl und Theodor Esser, 5000 Köln-Buchforst, Kalk-Mühlheimer Str. 299/303
9. Faßfabrik Hessental Karl Kurz, 7172 Schwäbisch-Hall-Hessental, Postfach 9
10. Gärditz & Schöpf, 8656 Limmersdorf (Ofr.)
11. Ludwig Gebhardt KG, 8490 Cham (Oberpf.)
12. Geiger & Comp. Nachf., 8261 Kirchanschöring (Obb.)
13. Carl Gluud, 2800 Bremen 10, Ladestraße
14. Josef Gomber, 5419 Helferskirchen (Westerwald)

[1]) Stand 1. 4. 1964.

15. Anton Heggenstaller, 8891 Unterbernbach über Schrobenhausen (Obb.)
16. Holzwerke H. Wilhelmi, 6301 Dorlar über Gießen
17. Holzwerke Zapfendorf, 8601 Zapfendorf (Ofr.)
18. Huber & Sohn, Holzbau und Holzverarbeitung, 8090 Bachmehring, Post Wasserburg (Inn)
19. Peter Kaballo OHG, 5462 Bad Hönningen (Rhein), Postfach 24
20. Ludwig Kerres, 8411 Ponholz-Winkerling bei Regensburg
21. Peter Kropmanns, 5000 Köln-Ehrenfeld, Gutenbergstr. 48
22. Kühltransit AG, 8771 Wiesthal (Spessart)
23. Laaspher Holzwerke, 5928 Laasphe (Westf.)
24. Heinrich Lehra, 4951 Nammen (Post Porta i. W.)
25. B. Ludwig & Söhne, 7571 Neuweier (Kreis Bühl)
26. Lüders & Co., 2081 Prisdorf, Peiner Haag
27. Rudolf Mollenhauer, 2190 Cuxhaven, Schließfach 75
28. Ernst Müller & Co., 7000 Stuttgart-Feuerbach, St.-Pöltener Str. 64
29. Gebr. Müller, 5981 Langenholthausen über Neuenrade
30. Heinrich Müller KG, 5929 Feudingen über Laasphe
31. Fritz Neidhart, 8120 Weilheim (Obb.)
32. Nolten KG, 4200 Oberhausen (Rhld.), Europahaus
33. Rexroth-Lynen-AG, 6120 Michelstadt (Odenwald)
34. FA-GE-Rubner, 8744 Mellrichstadt (Ufr.), Schließfach 53
35. Ludwig Schilling, 7951 Rot a. d. Rot (Kreis Biberach/Riss)
36. Adolf Schleifenbaum, Werk Nieder-Roden, 6051 Nieder-Roden über Offenbach (Main)
37. G. H. Schollmayer KG, Holzbearbeitungswerk, 6500 Mainz-Kostheim, Hauptstr. 173
38. Otto Stolle, 3070 Nienburg (Weser)
39. Hubert Treyer, 7605 Bad Peterstal (Renchtal), Postfach 27
40. Wilhelm Thumm OHG, 7170 Hopfach (Kreis Schwäbisch Hall)
41. Heinrich Ufer, 5200 Siegburg, Postfach 15
42. Villeroy & Boch, Sägewerk, 6642 Mettlach (Saar)
43. Gebr. Weber, 6124 Beerfelden (Odenwald)
44. Gebr. Weigel, 6128 Höchst (Odenwald)
45. Karl Wich OHG, 8475 Wernberg (Oberpf.), Postfach 65
46. Josef Wirth, 3100 Celle, Waldweg 97/99
47. Wolff & Müller, Abt. Sägewerk, 7306 Denkendorf-Körschtal (Kreis Esslingen)

Hersteller von Pool-Gitterboxpaletten nach DIN 15 155 in Verbindung mit DIN 15 156

1. Böttiger & Co., Eisen- und Drahtwarenfabrik, 6081 Biebesheim (Rhein)
2. Friedrich Wilhelm Deppe, 3000 Hannover-Döhren, Am Lindenhofe 27
3. Eisenwerke Steele, 4300 Essen-Steele, Dahlhauser Str. 106
4. ELKAS Transportgeräte und Apparatebau GmbH, 3568 Gladenbach (Hessen)
5. Hess. Holz- und Metallbearbeitungs-Fabrik, Albert Bauer, 3568 Gladenbach (Hessen)
6. Jürgens & Pontzen, 5101 Richterich (Aachen-Land)
7. Kaufmann & Lindgens KG, 5144 Wegberg (Kreis Erkelenz)
8. Ludwig Kerres, 8411 Ponholz-Winkerling über Regensburg
9. Keulahütte GmbH, 3140 Lüneburg, Postfach 89
10. Hermann Klein & Söhne GmbH, Preß- und Stanzwerk, 4618 Kamen (Westf.)
11. Köttgen & Cie. GmbH, 5070 Bergisch-Gladbach, Pfaffrather Str. 79
12. Konrad Lindhorst GmbH, 1000 Berlin-Britz, Buschkrugallee 21
13. Mannesmann-Stahlblechbau GmbH, 4000 Düsseldorf, Reichsstr. 43
14. Maschinenbau Peter Nied, 6340 Dillenburg (Hessen), Postfach 428
15. Metallwerke Saar GmbH, 6391 Grävenwiesbach über Usingen (Taunus)
16. Nistac Stahlmöbel- und Gerätebau Niedersachsen GmbH, 3053 Steinhude am Meer
17. Franz Richter KG, 4730 Ahlen (Westf.), Postfach 39
18. Adam Riebel, Stahl- und Vorrichtungsbau, 6732 Ebenkoben (Weinstr. Pfalz)
19. Rieth & Sohn, Stahlblechbau, 1000 Berlin 52, Saalmannstr. 7
20. Heinrich Ritter, 3015 Wennigsen (Deister)
21. Rosenthal-Porzellan-Aktiengesellschaft, Abt. Stahlbau, 8591 Neusorg
22. FA-GE-Rubner, 8744 Mellrichstadt (Ufr.), Schließfach 53
23. Christof Ruthof GmbH, 8400 Regensburg, Schließfach 125
24. Steinbock GmbH, 8052 Moosburg (Obb.)
25. Friedrich Tillmann Nachf. GmbH, 4600 Dortmund-Dorstfeld
26. Richard Wennmacher, 4720 Beckum (Bez. Münster i. W.) Westfaliaweg 4
27. Josef Wirth, 3100 Celle, Waldweg 97/99

3. Technische Daten der Austauschpaletten

a) Flachpalette 800 × 1200 mm

Die am meisten verbreitete Austauschpalette ist die Vierweg-Holzflachpalette nach der DIN-Bezeichnung 15 146 und der Gütenorm DIN 15 147.

Pool-Flachpalette 800 × 1200 mm nach DIN 15 146 Blatt 2

Vierweg-Paletten aus Holz

800 mm × 1200 mm

Europäische Tauschpalette

DIN 15146 Blatt 2

Maße in mm

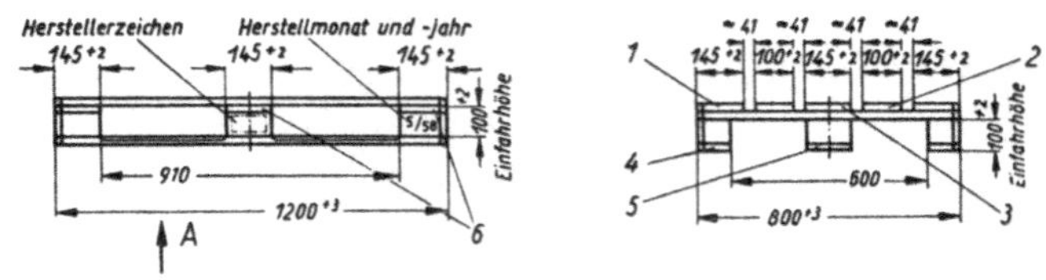

Bezeichnung: Flachpalette 800×1200 DIN 15146

Lfd. Nr	Zeichen	Stück-zahl	Benennung und Hauptmaße	Werkstoff ¹)
1	–	2	Randbrett 145 × 22 × 1200	Hartholz
2	–	2	Deckbrett 100 × 22 × 1200	Weichholz
3	–	1	Deckbrett 145 × 22 × 1200	Weichholz
4	–	2	Bodenbrett 100 × 22 × 1200	Hartholz
5	–	1	Bodenbrett 145 × 22 × 1200	Hartholz
6	–	3	Zwischenbrett 145 × 22 × 800	Hartholz
7	–	3	Klotz 145 × 145 × 78	Pappel- oder Hartholz ²)
8	–	6	Klotz 145 × 100 × 78	Pappel- oder Hartholz ²)
9	○	42	Senkholzschraube 6 × 90 DIN 97	St
10	●	18	Senkholzschraube 5 × 40 DIN 97	St

¹) Hartholz: Buche, Esche, Eiche; Weichholz: Kiefer, Fichte, Tanne, Pappel } nach Wahl des Herstellers

²) Bei Bestellung vereinbaren, Pappelholz, wenn möglich, bevorzugen

Tragfähigkeit: 1000 kg auf der Gabel des Hubgerätes
4000 kg im Stapel

Gewicht: mit Klötzen aus Pappelholz ≈ 28 kg
mit Klötzen aus Hartholz ≈ 32 kg

Kennzeichnung: Flachpaletten, die dieser Norm entsprechen, sind auf den Außenseiten der Klötze an beiden Längsseiten wie folgt durch Einbrennen zu kennzeichnen:

Am linken Klotz: (wird später festgelegt)
Am mittleren Klotz: Herstellerzeichen
Am rechten Klotz: Herstellmonat und -jahr

Durch diese Kennzeichnung übernimmt der Hersteller die Gewähr, daß die Flachpalette dieser Norm entspricht.

Technische Lieferbedingungen nach DIN 15147

In dem auf Seite 38 auszugsweise wiedergegebenen Normblatt des Deutschen Normenausschusses sind die technischen Daten dargestellt[1]).

b) Gitterboxpalette 800 × 1200 mm

Die Palette mit dem Grundmaß 800 × 1200 mm nach DIN 15 155 wurde in Zusammenarbeit der Verkehrsträger — insbesondere der Deutschen Bundesbahn — mit der verladenden Wirtschaft unter Verwertung jahrelanger Erfahrungen entwickelt. Sie dient vor allem zur Palettierung von Ladegut, für das die Pool-Flachpalette nicht verwendet werden kann. Dazu gehören z. B. kleinere, nicht zu Gebinden zusammenfaßbare oder empfindliche Gegenstände und solche, die wegen ihrer Beschaffenheit und Form miteinander nicht stapelbar sind.

Das wesentliche Merkmal der Konstruktion ist ein in der Mitte der Vorderwand waagerecht fest eingeschweißtes Rohr, an dem zwei *unverlierbare Klappen*, die sowohl nach oben als auch nach unten um 180° geschwenkt werden können, angebracht sind (wichtig für den Einsatz in Werkstätten und Lägern). Dadurch ergibt sich gegenüber der Gitterboxpalette DIN 15144 eine *wesentlich höhere Festigkeit und Betriebssicherheit.* Die Klappen sind in geschlossenem Zustand durch einfache Federn sicher verriegelt. Die Füße sind an ein Rohr geschweißt, das sich an den Breitseiten als Abweiser für

Pool-Gitterboxpalette 800 × 1200 mm nach DIN 15 155

[1]) Die Normblattangaben werden mit Genehmigung des Deutschen Normenausschusses wiedergegeben. Maßgebend ist die jeweils neueste Ausgabe des Normblattes im Normformat A 4, die bei der Beuth-Vertrieb-GmbH, Berlin 15 und Köln, erhältlich ist.

die Gabeln des Staplers unter 45° dem Grundrahmen anschließt. Hierdurch ist neben größerer Festigkeit des Bodens eine leichtere Verschiebbarkeit der Palette auf dem Fußboden oder im Durchschieberegal gewährleistet. Die Drähte für die Gitter der Wände und Klappen wurden gegenüber DIN 15144 von 4 auf 4,6 mm verstärkt.

Technische Beschreibung der Pool-Gitterboxpalette 800 × 1200 mm nach DIN 15 155

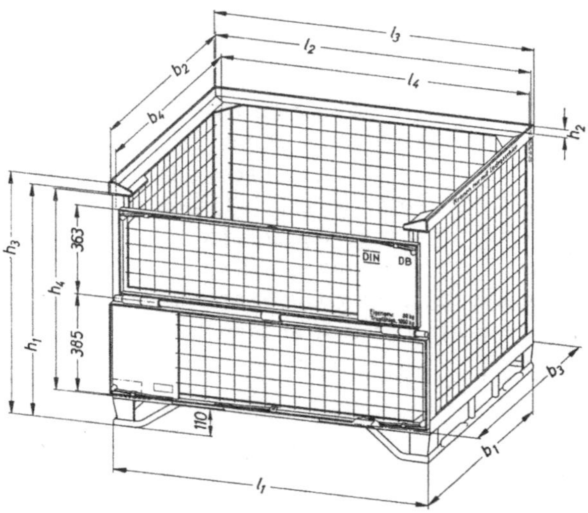

Stapelmaße						Außenmaße			Lademaße = lichte Innenmaße			Gewicht	Zeichnung Nr. [1]
Außenmaße der Füße			Innenmaße des Aufsetzrahmens										
b_1 +3	l_1 +3	h_1	b_2 −3	l_2 −3	h_2	b_3	l_3	h_3	b_4 ≈	l_4 ≈	h_4	kg ≈	
800	1200	930	832	1232	36	840	1240	966	810	1210	789	80	FM 15155—812

Tragfähigkeit: 1000 kg.

Die vier Tragsäulen (senkrechte Behälterkanten und Füße) müssen zusammen eine statische Belastung von 4400 kg (Eigengewicht der Boxpalette eingerechnet) aushalten, damit fünf Boxpaletten übereinander gestapelt werden können.

[1] Die zugehörige Zeichnung (zu beziehen durch Fachnormenausschuß Maschinenbau, Düsseldorf-Oberkassel, Postfach 750 und 770) enthält weitere Einzelheiten.

c) Lyraboxpalette 800 × 1200 mm

Die Lyraboxpalette nach DIN 15142, die ursprünglich von der Deutschen Bundesbahn für den Stückgutverkehr konstruiert wurde, wird allmählich aus dem Tauschverkehr herausgezogen. Insbesondere auf Anregung des Achterausschusses ist als Äquivalent die oben behandelte Gitterboxpalette nach DIN 15155 anzusehen.

Lyraboxpalette 800 × 1200 mm

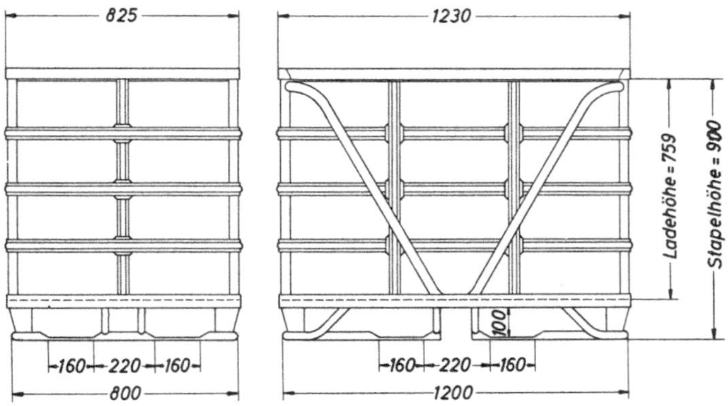

Technische Angaben über die Lyraboxpalette 800 × 1200 mm

III. Austauschpaletten bei der Deutschen Bundesbahn

1. Allgemeines

Die Verwendung der Tauschpaletten richtet sich nach den „Beförderungsbedingungen der Deutschen Bundesbahn für den Verkehr mit Austauschpaletten".

a) Austauschverfahren

Will sich ein Verkehrsnutzer am Tauschverkehr beteiligen, so muß er dies der Bundesbahn unter Angabe der voraussichtlichen Gesamtzahl und Art der Paletten vorher anzeigen und die Beförderungsbedingungen durch Unterzeichnung anerkennen. Er muß weiterhin Tauschpaletten beschaffen, die nach Art und Zahl seinem Verkehrsumfang entsprechen. Die Paletten gehen beim Tausch jeweils in das Eigentum des Tauschpartners über.

Der Austausch der Paletten geschieht nur bei der Güterabfertigung, bei der der Versender seine Güter regelmäßig aufliefert. Das Verfahren wird in den Beförderungsbedingungen der Deutschen Bundesbahn schriftlich festgelegt. Soweit Verfrachter bei mehreren Abfertigungen eines Ortes Güter aufliefern, können Sonderregelungen getroffen werden.

Der Tausch im Stückgutverkehr wickelt sich in der Form ab, daß die Teilnehmer am Austauschverfahren bei der Auflieferung einer beladenen Palette von der zuständigen Güterabfertigung eine leere Palette erhalten, soweit der Ausgleich nicht bereits durch die Auslieferung einer beladenen Palette an den Tauschkunden herbeigeführt wurde. Der Austausch erfolgt also Zug um Zug.

Demgegenüber kann im Wagenladungsverkehr ein Austausch Zug um Zug wegen der räumlichen Trennung von Übernahme- bzw. Übergabestellen (z. B. Gleisanschlußinhaber und Güterabfertigung) nicht stattfinden. Zur Sicherung gegen unerwartete Tauschverpflichtungen behält sich die Bahn eine Tauschfrist von fünf Tagen vor. Es handelt sich bei dieser Frist um eine Art Schutzfrist für die Bahn. Sie kann von ihr unterschritten werden, wenn der zuständigen Güterabfertigung genügend Austauschpaletten innerhalb einer kürzeren Frist zur Verfügung stehen. Der Tauschkunde hat jedoch keinen Rechtsanspruch auf einen Tausch innerhalb einer kürzeren Frist. Es ist allerdings damit zu rechnen, daß mit der Zunahme der Palettenbestände der Deutschen Bundesbahn diese Fünf-Tage-Frist nach und nach abgebaut wird.

Getauscht werden können alle in den Palettenpool einbezogenen Palettenarten. Es ist aber nur möglich, Paletten der gleichen Bauart gegeneinander auszutauschen. Ein Tausch von Flachpaletten gegen Gitterboxpaletten findet also nicht statt. Ebensowenig ist es möglich, Gitterboxpaletten gegen die übergangsweise noch zugelassenen Lyraboxpaletten auszutauschen.

Die zu tauschenden Paletten müssen in einwandfreiem baulichem Zustand und besenrein sein. Verkehrsträger und Verkehrsnutzer haben beim Tausch der Palette deren Zustand zu überprüfen. Nicht einwandfreie Paletten sind vom Tausch ausgeschlossen und von dem jeweiligen Eigentümer zu reparieren bzw. durch neue zu ersetzen. Da nachträgliche Beanstandungen ausgeschlossen sind, müssen die Einwände gegen den Zustand der Palette bei der Übernahme vom Tauschnehmer vorgebracht werden.

Soweit Tauschverträge über die Boxpalette nach DIN 15 142 mit den Grundmaßen 800 × 1200 mm abgeschlossen sind, können diese Paletten nach ihrem Ausscheiden aus dem Palettenpool ebenfalls als Kundensonderpaletten weiterverwendet werden. Nach dem Bestand und der Lebensdauer dieser Paletten zu urteilen, werden jedoch noch mehrere Jahre vergehen, bis über diese Frage entschieden werden kann.

Austauschpaletten können mit jeder Art Gut beladen werden, das sich für den Versand auf Paletten eignet. Sie dürfen jedoch ein Bruttogewicht je Palette von 1000 kg nicht überschreiten.

Nach den Beförderungsbedingungen soll der Tauschbedarf der Güterabfertigung rechtzeitig mitgeteilt werden, damit der Tausch reibungslos durchgeführt werden kann.

b) Einsatzmöglichkeiten

Austauschpaletten können eingesetzt werden im Frachtstückgutverkehr, Eilstückgutverkehr, Wagenladungsverkehr und Bahnsammelladungsverkehr.

Bei Palettenverwendung im Eilstückgutverkehr bestehen Beschränkungen. Es ist daher notwendig, daß sich der Absender vor der Auflieferung bei der Güterabfertigung über die Auflieferungsmöglichkeiten unterrichtet. Zum Teil müssen die Sendungen auf den Endstrecken frachtmäßig befördert werden, weil sie nicht mit dem übrigen Eilstückgut am Bahnsteig ausgeladen werden können. Es können sich daher geringe Beförderungsverzögerungen ergeben. Leicht verderbliche und unter Angabe des Lieferwertes aufgegebene Sendungen sind deshalb im palettierten Zustand zur Auflieferung als Eilstückgut nicht zugelassen[1]).

Über die bestehenden Beschränkungen geben die Güterabfertigungen nach einem „Verzeichnis der Möglichkeiten über das Abrichten von Paletten im Eilstückgutverkehr" Auskunft.

---

[1]) Deutsche Verkehrs-Zeitung, Nr. 129/1962, S. 2 und Nr. 38/1963, S. 2.

Durch den Austausch der Paletten bei der Güterabfertigung (Aufgabe einer beladenen gegen Empfang einer leeren oder gegen Empfang einer ebenfalls beladenen Palette im Eingang) wechseln die Paletten jeweils in das Eigentum der Tauschpartner über. Die Deutsche Bundesbahn befördert also nicht etwa die Tauschpalette des Tauschkunden, sondern bahneigene Paletten. Ebenso geht die im Austausch von der Bahn empfangene Austauschpalette mit der Übergabe in das Eigentum des Tauschkunden über. Durch den Tausch werden also die eigenen Bestände der Zahl und Art nach nicht berührt.

Abgerichtet werden können Austauschpaletten grundsätzlich nach allen Güterabfertigungen der Deutschen Bundesbahn und den nichtbundeseigenen Eisenbahnen. Soweit Abfertigungsbeschränkungen bestehen, werden diese von der zuständigen Güterabfertigung auf Anfrage bekanntgegeben. Werden Austauschpaletten nach dem Ausland versandt, so bedarf es einer besonderen Vereinbarung mit der Deutschen Bundesbahn. Austauschflachpaletten sind aber für den Verkehr mit den am Europäischen Palettenpool beteiligten Bahnen[1]) in jedem Fall zuzulassen. Sie werden, sofern sie mit den Kennzeichen einer dieser Verwaltungen[2]) versehen sind, wie Austauschpaletten mit dem Kennzeichen „DB“ behandelt. Austauschbox- und Gitterboxpaletten sind nur im innerdeutschen Verkehr zugelassen. In diesem Zusammenhang ist zu beachten, daß Box- und Gitterboxpaletten nach den auf ausländischem Gebiet gelegenen Bahnhöfen der Deutschen Bundesbahn — Salzburg, Kufstein, Schaffhausen und Basel Bad.Bf. — nicht abgerichtet werden dürfen, auch wenn die Sendungen auf einen deutschen Frachtbrief aufgeliefert werden können[3]).

2. Austauschpaletten im Stückgutverkehr

a) Frachtbestimmungen

L a s t l a u f

Die Fracht errechnet sich nach den Bestimmungen für Stückgut. Dabei wird der Frachtberechnung im deutschen Binnenverkehr ein Mindestgewicht von 100 kg[4]) zugrunde gelegt. Dies gilt auch dann, wenn die Palette mit Gut beladen ist, für das die Fracht in der Regel für ein geringeres als für das wirkliche Gewicht berechnet wird, z. B. bei Beladung mit gebrauchten Packmitteln[5]). Das Eigengewicht der Paletten wird bei der Frachtberechnung nicht herangezogen. Hilfseinrichtungen, die der besseren Unterbringung der

[1]) Vgl. S. 106.

[2]) Vgl. S. 107.

[3]) DB-Kundenbrief, Nr. 10/1962, S. 134.

[4]) Die durchschnittliche Auslastung der Paletten betrug im Jahre 1962 rund 250 kg (Rationeller Transport, Nr. 11, 12/1962, S. 15).

[5]) Internationale Transport-Zeitschrift, Nr. 25/1962, S. 2173.

Güter auf oder in der Palette oder zum Schutz des Gutes dienen, rechnen nicht zur Palette; sie gelten als Packmittel, deren Gewicht gemäß § 2 DEGT dem frachtpflichtigen Gewicht des Gutes zugeschlagen wird. Hat der Absender das wirkliche Rohgewicht (Gewicht des Gutes und der Verpackung) nicht im Frachtbrief angegeben, so bleiben bei

Flachpaletten	30 kg,
Gitterboxpaletten	80 kg,
Boxpaletten	60 kg

des bahnseitig ermittelten Gesamtgewichts frachtfrei. Beträgt z. B. das ermittelte Gewicht einer beladenen Gitterboxpalette 170 kg, wird die Fracht unter Berücksichtigung des Mindestgewichts von 100 kg berechnet.

Bei sperrigen Gütern in Gitterboxpaletten und Boxpaletten wird kein Sperrigkeitszuschlag berechnet, wenn die Paletten in der Höhe nicht über den Rahmen hinaus beladen sind. Das für die Verwendung von Gitterbox- und Boxpaletten vorgeschriebene Mindestgewicht von 100 kg übersteigt in jedem Falle das aus dem Rauminhalt zu errechnende frachtpflichtige Gewicht.

Überragt jedoch das in Box- oder Gitterboxpaletten verladene Gut ausnahmsweise den Rahmen, so wird der von der gesamten Sendung eingenommene Rauminhalt berechnet und nach dem Gewicht ermittelt, ob die Sendung als sperrig behandelt werden muß. Es ist zweckmäßig, den dadurch entstehenden größeren Rauminhalt zu errechnen, um gegebenenfalls einen Sperrigkeitszuschlag zu vermeiden. Die Eintragung des Rauminhalts in den Frachtbrief ist zu empfehlen.

Da auch für Flachpaletten bei der Frachtberechnung ein Mindestgewicht von 100 kg zugrunde gelegt wird, verzichtet die Bahn auch hier auf die Berechnung von Sperrigkeitszuschlägen, vorausgesetzt jedoch, daß die Paletten nicht höher als 93 cm über dem Erdboden beladen sind und das Gut seitlich nicht mehr als 5 cm über die Grundfläche der Paletten hinausragt. In anderen Fällen wird — wie bei den über den Rahmen beladenen Box- und Gitterboxpaletten — festgestellt, ob die Sendung als sperrig angesehen werden muß. Auch hier empfiehlt es sich aus den bereits angegebenen Gründen, den Rauminhalt zu ermitteln und in den Frachtbrief einzutragen[1]).

Werden mehrere Paletten auf einem Frachtbrief aufgeliefert und tragen die einzelnen Paletten unterschiedliches Gewicht, so ist das Mindestgewicht von 100 kg für jede einzelne Palette in Ansatz zu bringen. Werden also in einer Sendung eine Palette mit 50 kg und eine mit 200 kg Gut aufgeliefert, so beträgt das der Frachtberechnung zugrunde zu legende Gewicht 100 kg und 200 kg, sofern ein Sperrigkeitszuschlag ausscheidet. Ein durchschnittliches Mindestgewicht von 100 kg je Palette — das in dem obigen Beispiel

[1]) Deutsche Verkehrs-Zeitung, Nr. 18/1963, S. 4 und Transport-Dienst, Nr. 3/1963, S. 77.

50 + 200 = 250 : 2 = 125 kg betragen würde — wird also für die Frachtberechnung nicht ermittelt[1]).

Wenn bahnseitige Gewichtsfeststellung beantragt wird oder vom Absender das frachtpflichtige Gewicht nicht angegeben ist, so werden vom Bruttogewicht die bereits genannten Gewichte[2]) abgezogen, also z. B. für eine Flachpalette ein Durchschnittsgewicht von 30 kg.

Enthält eine Gitterboxpalette nur Gut für *einen* Empfänger, so genügt es, wenn die Bezeichnung einiger Stücke erfolgt. Bei Flachpaletten muß jedes einzelne Stück bezeichnet werden.

Enthält eine Palette Gut für mehrere Empfänger, so ist für jede Sendung ein besonderer Frachtbrief auszustellen und jedes Stück einzeln zu bezeichnen. Dabei darf jedoch jede Palette nur mit Gut für *einen* Bestimmungsbahnhof beladen werden.

Auf dem Frachtbrief sind neben den sonst geforderten Angaben in der Spalte „Inhalt" die Zahl und die Art der verwendeten Paletten zu vermerken, z. B. „auf zwei Austauschflachpaletten" (Ziff. 6 Beförderungsbedingungen der Deutschen Bundesbahn für den Verkehr mit Austauschpaletten).

Bei der Übernahme durch die Bahn kann die Stückzahl der auf Paletten verladenen Güter nicht immer festgestellt werden. Die Gewähr für die Richtigkeit der Stückzahl wird daher nicht von der Bahn, sondern von der aufliefernden Firma übernommen.

Leerlauf

Leerläufe entfallen, da die Paletten getauscht werden. Mit dem Tausch werden sie bahneigene Lademittel, so daß ein frachtpflichtiger Rücktransport ausscheidet. Hatten die beladenen Austauschpaletten im Lastlauf Hilfseinrichtungen, so werden diese im Rücklauf als gebrauchte Packmittel nach DEGT, Teil I, Abt. B, § 30 behandelt.

b) Verzögerungsgebühr

Eine Verzögerungsgebühr fällt bei Übergabe einer beladenen Palette an einen Tauschkunden nicht an, da ein Tausch stattfindet, also für die empfangene beladene Palette eine leere oder eine beladene Palette zurückgegeben wird.

Ist der Empfänger kein Tauschkunde, so sind die Paletten, sofern sie bis 10,00 Uhr ausgeliefert werden, bis zum Annahmeschluß der Güterabfertigung, sonst innerhalb 24 Stunden, zurückzugeben. Bei Überschreitung der Rückgabefrist fällt eine Verzögerungsgebühr von 1 DM je Palette und angefangene 24 Stunden an.

[1]) Deutsche Verkehrs-Zeitung, Nr. 141/1960, S. 1 und Nr. 96/1961, S. 4.

[2]) Vgl. S. 45.

3. Austauschpaletten im Wagenladungsverkehr

a) Frachtvorschriften

Lastlauf

Die Fracht wird nach den Bestimmungen für Wagenladungen berechnet. Die Festsetzung eines Mindestgewichts ist nicht vorgesehen. Da die Paletten durch den Tausch bahneigene Lademittel geworden sind, wird das Eigengewicht der Austauschpaletten nicht zur Frachtberechnung herangezogen. (Hilfseinrichtungen und bahneigene Gewichtsfeststellung wie im Stückgutverkehr[1])).

Im Frachtbrief ist neben den sonst geforderten Angaben in der Spalte „Wirkliches Rohgewicht" nur das Gewicht des Gutes und der Verpackung anzugeben. In der Spalte „Inhalt" müssen die Zahl und die Bauart der verwendeten Paletten vermerkt werden (z. B. „10 Austausch-Gitterboxpaletten und 5 Austauschflachpaletten"). Diese im Frachtbrief angegebene Zahl der Paletten ist für die Bahn beim Tausch maßgebend. Etwaige Unterschiede müssen zwischen dem Absender und dem Empfänger geklärt werden.

Leerlauf

Die Paletten werden mit dem Tausch zu bahneigenen Lademitteln. Ein Rücktransport und damit die Frachtzahlung entfallen. Für den Rücktransport von Hilfseinrichtungen, die den Paletten im Lastlauf beigegeben wurden, wird die Fracht für gebrauchte Packmittel gemäß DEGT, Teil I, Abt. B, § 30 erhoben.

Sollen leere Poolpaletten, die beladen nicht mit der Bundesbahn befördert worden sind, an den Absender zurückgesandt werden, so sind sie mit Frachtbrief gegen Frachtberechnung aufzuliefern.

b) Besonderheiten beim Austauschverfahren

Zur Feststellung von Schuld und Guthaben der Tauschpartner mit regelmäßigem Palettenverkehr dient für die nicht Zug um Zug getauschten Paletten ein besonderes Anrechnungsverfahren.

Bei der Auflieferung der Paletten erhält der Kunde die Durchschrift eines Paletten-Annahmescheins, auf dem die Güterabfertigung den Empfang bestätigt. Mit diesem Schein fordert der Kunde bei der Güterabfertigung die entsprechende Zahl Tauschpaletten an. Bei der Ausgabe der Paletten wird in der gleichen Weise ein Ausgabeschein gefertigt. Die Paletten-Annahme- bzw. -Ausgabescheine, die beide die Übernahme bzw. Übergabe bestätigen, haben den auf der folgenden Seite wiedergegebenen Inhalt.

---

[1]) Vgl. S. 44 f.

DEUTSCHE BUNDESBAHN

Güterabfertigung ....

Paletten-Annahmeschein 4254 *

.... Zahl 	.... Zahl 	.... Zahl 
Erhalten von Firma: .... (Name der Firma) Durch Spediteur: .... (Name des Spediteurs)		Wagen Nr .... Wagen Nr .... Kraftwagen (Lochkarten) Nr ....
Paletten erhalten: .... 19.......... Stunde .... (Unterschrift der Güterabfertigung)		.... DM Verzögerungsgebühr verrechnet unter lfd Nr.......... des Nebengebührenbuches .... (Unterschrift des Kassenbeamten)

799 015 Paletten-Annahmeschein A 5 q Bk 2x25 gelb Köln VI 62 50000

DEUTSCHE BUNDESBAHN

Güterabfertigung ....

Paletten-Ausgabeschein 2579 *

.... Zahl 	.... Zahl 	.... Zahl 
Übergeben an Firma: .... (Name der Firma) Durch Spediteur: .... (Name des Spediteurs)		Wagen Nr .... ~~Wagen~~ Nr .... Kraftwagen (Lochkarten) Nr..........
Paletten erhalten: .... 19.........., Stunde .... (Unterschrift der Firma)		Wir bitten um Austausch oder Rückgabe bis.......... 19.........., Stunde.......... da wir sonst 1,– DM Verzögerungsgebühr je Palette und angefangene 24 Std erheben. Nach 10 Tagen gilt die Palette als verloren und ist zu ersetzen.

799016 Paletten-Ausgabeschein A 5 q Bk 2x25 rot Köln VI 62 50000

Deutsche Bundesbahn
Güterabfertigung
....

Aufrechnungsbogen

für den Austausch von Paletten
mit Firma..
im Monat .... 19 ....

Tag, Monat und Jahr	Guthaben der DB							Schuld der DB							Saldo am Tagesende						Bemerkungen
	Nummer des Ausgabescheins	Zahl der Flachpaletten		Zahl der Gitterboxpaletten		Zahl der Boxpaletten		Numer des Annahmescheins	Zahl der Flachpaletten		Zahl der Gitterboxpaletten		Zahl der Boxpaletten		Flachpaletten		Gitterboxpaletten		Boxpaletten		
		im einzelnen	Summe seit Monatsbeginn	im einzelnen	Summe seit Monatsbeginn	im einzelnen	Summe seit Monatsbeginn		im einzelnen	Summe seit Monatsbeginn	im einzelnen	Summe seit Monatsbeginn	im einzelnen	Summe seit Monatsbeginn	Guthaben	Schuld	Guthaben	Schuld	Guthaben	Schuld	
															Unterschied zw. Sp. 4 u. 11		Unterschied zw. Sp. 6 u. 13		Unterschied zw. Sp. 7 u. 15		
1	2	3	4	5	6	7	8	9	10	11	12	13	14	15	16	17	18	19	20	21	22

Bei Kunden mit regelmäßigem Ein- und Ausgang von Tauschpaletten werden die einzelnen Scheine in dem auf Seite 49 abgebildeten „Aufrechnungsbogen“ zusammengefaßt, der einmal am Tage abgeschlossen wird. Der ermittelte Unterschied wird ausgeglichen.

Für eine Gegenbuchführung durch die Kunden wird der Vordruck „Aufrechnungsbogen“ auf Wunsch kostenlos abgegeben.

c) Verzögerungsgebühr

Der Empfänger der Wagenladung hat die Paletten innerhalb einer Frist von 24 Stunden nach der Bereitstellung des Wagens bei der Empfangsgüterabfertigung zu tauschen oder zurückzugeben. Wird die Tausch- oder Rückgabefrist nicht eingehalten, so wird eine Verzögerungsgebühr von 1 DM je Palette für je angefangene 24 Stunden erhoben.

4. Austauschpaletten im Sammelladungsverkehr (Verhältnis Spediteur — Deutsche Bundesbahn)

a) Voraussetzungen

Austauschpaletten können auch im organisierten Sammelladungsverkehr der Bahnspedition eingesetzt werden.

Voraussetzung für die Versendung von Austauschpaletten ist, daß sich der Versandspediteur selbst Austauschpaletten beschafft und die Beförderungsbedingungen anerkennt.

Der im Stückgutverkehr angewandte Zug-um-Zug-Tausch läßt sich im Sammelladungsverkehr nicht durchführen. Die Eisenbahn behält sich die im Wagenladungsverkehr übliche Tauschfrist von fünf Tagen vor. Sie wird aber beim Sammelgutversand kaum angewandt werden, da große Güterabfertigungen meist ausreichende Bestände haben, um innerhalb von 24 Stunden ausgleichen zu können.

Für den Fall eines Schienennachlaufs im Frachtstückgutverkehr muß auch der Empfangsspediteur der Sammelladung Paletten zum Tausch bereithalten und Tauschkunde der Bahn sein. Der Empfangsspediteur benötigt allerdings nur so viele Austauschpaletten, wie zur Abdeckung von Spitzen erforderlich sind. Er tritt bei einem Schienennachlauf als Paletten-Reexpedient auf, der die beladenen Paletten in der Beförderungsart des Ladungsverkehrs der Bahn empfängt und sie in der Beförderungsart des Bahnstückgutverkehrs weiterbefördert.

Die empfangenen und wieder aufgegebenen Paletten werden daher je 24 Stunden aufgerechnet. Nur soweit sich hierbei ein Defizit zu seinen Lasten ergibt, muß der Empfangsspediteur in der Lage sein, durch Übergabe der fehlenden Paletten an die Bahn den Ausgleich wiederherzustellen.

Findet ein Schienennachlauf im Frachtstückgutverkehr nicht statt, so braucht der Empfangsspediteur nicht Tauschkunde der Bahn zu sein. Hier genügt es wie im Wagenladungsverkehr, wenn die im Hauptlauf eingegangenen Paletten innerhalb einer Frist von 24 Stunden nach der Bereitstellung des Wagens bei der Empfangsgüterabfertigung getauscht werden. Hinsichtlich der 24stündigen Frist ist für den Sammelladungsverkehr zu beachten, daß sie gemäß einer Absprache zwischen der Deutschen Bundesbahn und der ASp, ähnlich wie bei Behältern, erst vier Stunden nach der Bereitstellung des Wagens beginnt. Es steht also eine Rückgabefrist von insgesamt 28 Stunden zur Verfügung. Ist der Empfangsspediteur Tauschkunde der Bahn, so kann er die im Hauptlauf empfangenen Paletten natürlich auch sofort tauschen.

b) Frachtbestimmungen, Verzögerungsgebühr

Für den Lastlauf und den Leerlauf im Sammelladungsverkehr gelten dieselben Bestimmungen, wie sie bereits für den Wagenladungsverkehr aufgezeigt wurden[1]). Wegen der Verzögerungsgebühr kann ebenfalls auf die entsprechende Darstellung für den Wagenladungsverkehr verwiesen werden[2]).

5. Text der Beförderungsbedingungen der Deutschen Bundesbahn für den Verkehr mit Austauschpaletten

Für die Verwendung von Austauschpaletten durch die

Firma ....

gelten folgende Beförderungsbedingungen:

A. Allgemein

1. Nach Mitteilung der Firma vom .... werden
   .... Flachpaletten,
   .... Gitterboxpaletten,
   übergangsweise .... Boxpaletten
   mit den Grundmaßen 800 × 1200 mm in den Austausch einbezogen.
   Änderungen werden der Bundesbahndirektion rechtzeitig angezeigt.
2. Für den Austausch der Paletten gelten die „Allgemeinen Bestimmungen für den Verkehr mit Austauschpaletten in der Bundesrepublik (Palettenpool)“.
   Beide Teile können vom Tausch jederzeit zurücktreten.
3. Die Paletten werden bei der Güterabfertigung ..... ausgetauscht. Der Tauschbedarf ist dieser Güterabfertigung rechtzeitig mitzuteilen.

[1]) Vgl. S. 47.
[2]) Vgl. S. 50.

4. Austauschpaletten können im Frachtstückgutverkehr, im Wagenladungsverkehr (Eil- und Frachtgut) und Bahnsammelgutverkehr nach Güterabfertigungen der Deutschen Bundesbahn und der nichtbundeseigenen Eisenbahnen abgerichtet werden (Abfertigungsbeschränkungen gibt die Güterabfertigung auf Anfrage bekannt). Die Palettenverwendung im Eilstückgutverkehr und nach dem Ausland bedarf besonderer Vereinbarung. Austauschflachpaletten sind jedoch im Verkehr mit den am Europäischen Palettenpool beteiligten Eisenbahnverwaltungen zugelassen. Austauschflachpaletten mit Kennzeichen einer dieser Verwaltungen werden wie Austauschpaletten mit dem Kennzeichen „DB" behandelt. (Die beteiligten Eisenbahnverwaltungen werden auf Anfrage von der Güterabfertigung bekanntgegeben.)

5. Das Eigengewicht der Austauschpaletten wird nicht zur Frachtberechnung herangezogen. Hilfseinrichtungen, die der besseren Unterbringung oder dem Schutz der Güter auf oder in der Palette dienen, rechnen nicht zur Palette; sie gelten als Packmittel. Im Frachtbrief wird daher in Spalte „Wirkliches Rohgewicht" nur das Gewicht des Gutes und der Verpackung angegeben. Wenn bahnseitige Gewichtsfeststellung beantragt wird oder das frachtpflichtige Gewicht vom Absender nicht angegeben ist, wird vom Bruttogewicht für eine Flachpalette ein Durchschnittsgewicht von 30 kg, für Gitterboxpaletten von 80 kg und für Boxpaletten ein solches von 60 kg abgezogen.

6. Auf dem Frachtbrief ist außer den sonst geforderten Angaben in Spalte „Inhalt" Zahl und Art der verwendeten Paletten zu vermerken (z. B. „2 Austausch-Gitterboxpaletten").

B. Für den Stückgutverkehr

7. Jede Palette darf nur mit Gut für *einen* Bestimmungsbahnhof beladen werden. Wenn eine Palette Gut für mehrere Empfänger enthält, ist für jede Sendung ein Frachtbrief auszustellen und jedes Stück zu bezeichnen. Enthält eine Gitterbox- oder Boxpalette nur Gut für einen Empfänger, so genügt die Bezeichnung weniger Stücke.

8. Die Fracht wird nach den Bestimmungen für Stückgut berechnet. Dabei wird der Frachtberechnung im deutschen Binnenverkehr ein Mindestgewicht von 100 kg je Palette zugrunde gelegt. Für den Verkehr mit dem Ausland gelten die jeweiligen Tarife.

9. Bei der Übernahme durch die Eisenbahn kann die Stückzahl der auf den Paletten verladenen Güter nicht immer festgestellt werden. Die Firma übernimmt daher die Gewähr für die Richtigkeit der Stückzahl.

C. Für den Wagenladungsverkehr (Eil- und Frachtgut) einschließlich Bahnsammelgutverkehr

10. Die Fracht wird nach den Bestimmungen für Wagenladungen berechnet.

11. Die vom Absender im Frachtbrief angegebene Anzahl der Paletten ist für die Eisenbahn beim Tausch maßgebend. Unterschiede sind zwischen Absender und Empfänger zu klären.

12. Die Deutsche Bundesbahn behält sich am Versandort zunächst eine Tauschfrist von 5 Tagen — gerechnet vom Tage der Aufgabe der Wagenladung oder Sammelgutladung — vor.

13. Der Empfänger der Wagenladung bzw. Sammelgutladung hat die Paletten innerhalb einer Frist von 24 Stunden nach der Bereitstellung des Wagens bei der Empfangsgüterabfertigung zu tauschen oder zurückzugeben.

    Wird die Tausch- oder Rückgabefrist nicht eingehalten, so wird eine Verzögerungsgebühr von 1,— DM je Palette für je angefangene 24 Stunden erhoben.

14. Guthaben und Schuld der Tauschpartner werden in einem „Gutschriftverfahren" festgelegt. Bei Übergabe von Paletten an die Deutsche Bundesbahn wird ein Paletten-Annahmeschein, bei Übergabe von Paletten an den Kunden ein Paletten-Ausgabeschein gefertigt, auf denen der Empfang bestätigt wird.

15. Im Bahnsammelgutverkehr können Austauschpaletten nur dann verwendet werden, wenn der Versandspediteur der Sammelgutladung sich selbst Austauschpaletten beschafft und die Beförderungsbedingungen anerkannt hat. Für den Fall eines Schienennachlaufs im Frachtstückgutverkehr muß auch der Empfangsspediteur der Sammelgutladung sich selbst Austauschpaletten beschaffen und die Beförderungsbedingungen anerkennen.

D. Für den DB-Güterkraftverkehr

16. Austauschpaletten können im Ladungsverkehr (einschließlich Sammelgutverkehr) *nur* in der Bundesrepublik Deutschland verwendet werden.

17. Es gelten die Ziff. 1—6 und 11—15.

...., den ....

....

(Unterschrift)

6. Ergänzende Austausch- und Beförderungsbedingungen

Das Austauschverfahren zwischen Deutscher Bundesbahn und Seehafenumschlagsbetrieben

Neben den binnenländischen Verkehrsträgern, Verladern und Vermittlern sind in der Zwischenzeit die Seehafenumschlagsbetriebe dem Abkommen beigetreten. Für den Umschlag Schiff/Kai und Kai/Schiff sowie für das Lagern von Gütern werden die Poolpaletten in den Seehäfen auf sogenannte Hafen- und Stauerpaletten gesetzt. Hierbei handelt es sich um Großpaletten der Abmessungen 1200 × 1800 mm (Stauerpalette) und die vorwiegend von der Hamburger Hafen- und Lagerhaus AG verwendeten Paletten 1000 × 1600 mm (Hafenpalette). Diese Abmessungen erwiesen sich zur besseren Ausnützung der Hafenkräne als notwendig. Für die Industrie, die Wirtschaft und die Landverkehrsträger sind sie aber wegen der Pritschenmaße der Fahrzeuge, der Platzverhältnisse in den Lagerräumen und der Boden- und Deckentragfähigkeit in Lagerhäusern weniger geeignet.

Als erster Hafenumschlagsbetrieb hat nun die Hamburger Hafen- und Lagerhaus AG (HHLA) ab 1. 11. 1961 einen Tauschvertrag mit der Deutschen Bundesbahn abgeschlossen[1]). Diesem Beispiel folgten die Bremer-Lagerhaus-Gesellschaft für den Hafen Bremen und die Kajeanstalt Bremerhaven am 1. 4. 1962[2]). Getauscht werden Flachpaletten nach DIN 15 146 und 15 147 sowie Flachpaletten mit den Kennzeichen der übrigen zum Palettenpool gehörenden Bahnen.

Für den Palettenaustausch gelten die „Allgemeinen Bedingungen für den Verkehr mit Austauschpaletten in der Bundesrepublik (Palettenpool)" sinngemäß[3]). Bei Exportgütern, die auf Austauschpaletten 800 × 1200 mm im Hafen eintreffen, erübrigt sich bei der Entladung des Waggons das Abstapeln. Die Güter können vielmehr auf den Paletten in die Kaischuppen umgeschlagen und dort gestapelt sowie zur Beladung in die Seeschiffe auf der Rampe bereitgestellt werden. Die genannten Gesellschaften treten der Deutschen Bundesbahn gegenüber als Palettenschuldner auf, so daß die Frachtbriefempfänger keine Austauschpaletten vorhalten müssen. Beim Importverkehr stellen die Lagerhausgesellschaften für den Versand nach allen Bahnhöfen im Bundesgebiet und den anderen am Palettenpool beteiligten Ländern[4]) Paletten zur Verfügung[5]).

---

[1]) DB-Kundenbrief, Nr. 12/1961, S. 182.
[2]) Deutsche Verkehrs-Zeitung, Nr. 37/1962, S. 1.
[3]) Vgl. S. 26 f.
[4]) Vgl. S. 106.
[5]) Hamburger Hafen-Nachrichten und Schiffsabfahrten, Nr. 47 vom 18. 11. 1961.

IV. Austauschpaletten im gewerblichen Güterfernverkehr

1. Einsatzmöglichkeiten

Auch zwischen Kraftwagenspediteuren und Frachtführern einerseits und den Verladern andererseits können, wie bereits eingangs angeführt, Verträge über den Austausch von Poolpaletten abgeschlossen werden. Für den Austausch der Paletten gelten die „Allgemeinen Bedingungen für den Verkehr mit Austauschpaletten in der Bundesrepublik (Palettenpool)". Die Einzelheiten eines von der AGF vorgeschlagenen Mustervertrages sind fast die gleichen wie beim Austauschvertrag mit der Deutschen Bundesbahn. Es kann daher insofern auf die diesbezügliche Darstellung verwiesen werden[1]). Nach diesem Mustervertrag können beide Teile vom Tausch jederzeit zurücktreten. Der am Vertrag beteiligte Güterfernverkehrsunternehmer tauscht die Paletten; der Tauschbedarf ist ihm rechtzeitig mitzuteilen.

Austauschpaletten können im Stückgut- und Ladungsverkehr nach allen Orten innerhalb der Bundesrepublik abgerichtet werden. Die Palettenverwendung nach dem Ausland bedarf besonderer Vereinbarung.

Zahlenmäßig spielt der Anteil der Poolpaletten in den Abmessungen 800 $\times$ 1200 mm im gewerblichen Güterfernverkehr eine untergeordnete Rolle[2]).

2. Austauschpaletten im Stückgutverkehr

Lastlauf

Das Eigengewicht der Austauschpaletten wird normalerweise nicht zur Frachtberechnung herangezogen. Der Frachtberechnung pro Palette kann für das Gut ein Mindestgewicht von 200 kg zugrunde gelegt werden. Hilfseinrichtungen gelten als Packmittel.

Im Frachtbrief wird in der Spalte „Wirkliches Rohgewicht" nur das Gewicht des Gutes und der Verpackung angegeben. Das Eigengewicht der Paletten ist gesondert aufzuführen. Neben den sonst geforderten Angaben sind in der Spalte „Inhalt" Zahl und Art der verwendeten Paletten zu vermerken, z. B. „auf Austauschflachpaletten".

Sind die Eintragungen im Frachtbrief ordnungsgemäß vorgenommen, so kann der Unternehmer auf eine nochmalige Feststellung des Gewichtes verzichten.

Wenn in Ausnahmefällen Gewichtsfeststellung durch den Unternehmer beantragt wird oder das frachtpflichtige Gewicht vom Absender nicht ermittelt werden kann, so ist es möglich, vom Bruttogewicht für eine Flachpalette ein

---

[1]) Vgl. S. 26 f.

[2]) Vgl. S. 18 f.

Durchschnittsgewicht von 30 kg, für eine Lyraboxpalette ein solches von 60 kg und für eine Gitterboxpalette von 80 kg abzuziehen.

Jede Palette soll nur mit Gut für *einen* Bestimmungsort beladen werden. Wenn eine Palette Gut für mehrere Empfänger enthält, ist für jede Sendung ein Frachtbrief auszustellen und jedes Stück zu bezeichnen. Enthält eine Boxpalette nur Gut für *einen* Empfänger, so genügt die Bezeichnung weniger Stücke.

Bei der Übernahme durch den Unternehmer kann die Stückzahl der auf den Paletten verladenen Güter nicht mehr festgestellt werden. Die Firma übernimmt daher die Gewähr für die Richtigkeit der Stückzahl.

Leerlauf

Eine Frachtzahlung für den Leertransport zurück an den Versender der beladenen Paletten entfällt, da die Paletten wie bei der Bahn getauscht werden. Der Tauschkunde erhält bei Auflieferung der beladenen Paletten die gleiche Anzahl leerer Paletten von seinen Tauschpartnern[1]).

3. Austauschpaletten im Ladungsverkehr

Für den Austausch der Paletten im Ladungsverkehr gelten dieselben Vorschriften wie im Stückgutverkehr.

Lastlauf

Die Frachtberechnung wird nach den Bestimmungen für Ladungen berechnet. Hierbei kann das Eigengewicht der Austauschpaletten außer Ansatz bleiben.

Hilfseinrichtungen in der Palette rechnen nicht zur Palette; sie gelten als Packmittel.

Vom Absender sind im Frachtbrief einzutragen: in der Spalte „Inhalt" die Austauschpaletten nach ihrer Art, z. B. „Tausch-Boxpaletten", in der Spalte „Wirkliches Rohgewicht" ihr Gewicht, getrennt von dem Gewicht des Gutes.

Die Paletten werden am Bestimmungsort dem Empfänger mit dem Gut ausgeliefert.

Der Unternehmer haftet nicht für die Folgen, die aus dem Verlust des Frachtbriefes und der nicht ordnungsgemäßen Ausführung des Auftrages entstehen.

---

[1]) Am Empfangsort erhält der anliefernde Kraftwagenspediteur bzw. Unternehmer für die vollen Paletten leere zurück. Diese leeren Paletten muß er in den meisten Fällen ohne Verwendung an den Versandplatz zurückbefördern. Das ist vor allen Dingen dann störend, wenn Rückladung übernommen werden kann, insbesondere bei der Verwendung von Boxpaletten, die nicht nur hohe Totlasten verursachen, sondern auch viel Transportraum beanspruchen. Deshalb haben AGF und ASp bereits vor Jahren versucht, eine Clearing-Organisation aufzubauen. Aufgabe dieser Organisation ist es, diese leeren Paletten gegen eine geringe Gebühr zu übernehmen und sie entweder nach Bedarf ebenfalls gegen eine Gebühr zu verteilen oder aber sie geschlossen an einen anderen Bedarfsplatz transportieren zu lassen.

L e e r l a u f

Da die Paletten getauscht werden, der Auflieferer der beladenen Paletten also die gleiche Anzahl leerer Paletten Zug um Zug zurückerhält, entfällt ein Rücktransport und damit die Frachtzahlung[1]).

4. Verzögerungsgebühr im Stückgut- und Ladungsverkehr

Verfügt der Empfänger einer Palettensendung nicht über die erforderliche Anzahl von Austauschpaletten, so werden ihm die Paletten gegen Empfangsbescheinigung für 24 Stunden überlassen. Gibt er die Palette innerhalb dieser Frist nicht an die vom Unternehmer angegebene Stelle zurück, so wird ihm für jede angefangene 24 Stunden eine Verzögerungsgebühr von 1 DM berechnet. Lehnt der Empfänger die Zahlung ab, so wird dem Absender der Betrag zuzüglich Schreibgebühren und Porto in Rechnung gestellt.

5. Text der Beförderungsbedingungen für den Verkehr mit Austauschpaletten im gewerblichen Güterfernverkehr (Mustervertrag)

Dieser Mustervertrag ist den entsprechenden Vorschriften der Bahn über den Verkehr mit Austauschpaletten angepaßt und hat folgenden Wortlaut:

Für die Verwendung von Austauschpaletten durch die

Firma ....

gelten folgende Beförderungsbedingungen:

A. Allgemein

1. Nach Mitteilung der Firma vom .... werden

   .... Flachpaletten

   .... Boxpaletten

   mit den Grundmaßen 800 mm × 1200 mm in den Austausch einbezogen.

   Eine etwa notwendige Änderung dieser Palettenzahl wird dem Güterfernverkehrsunternehmer .... (Name, Anschrift) rechtzeitig angezeigt.
2. Für den Austausch der Paletten gelten die „Allgemeinen Bestimmungen für den Verkehr mit Austauschpaletten in der Bundesrepublik (Palettenpool)". Beide Teile können vom Tausch jederzeit zurücktreten.
3. Der obengenannte Güterfernverkehrsunternehmer tauscht die Paletten aus; der Tauschbedarf ist ihm rechtzeitig mitzuteilen.
4. Austauschpaletten können im Stückgutverkehr und Ladungsverkehr nach allen Orten innerhalb der Bundesrepublik abgerichtet werden. Die Palettenverwendung nach dem Ausland bedarf besonderer Vereinbarung.
5. Das Eigengewicht der Austauschpaletten wird nicht zur Frachtberechnung herangezogen. Hilfseinrichtungen, die der besseren Unterbringung der Güter auf oder in der Palette oder zum Schutz des Gutes dienen, rechnen nicht zur

[1]) Vgl. Fußnote auf S. 56.

Palette, sie gelten als Packmittel. Im Frachtbrief wird daher in Spalte „Wirkliches Rohgewicht" nur das Gewicht des Gutes und der Verpackung angegeben. Außerdem ist das Eigengewicht der Paletten gesondert anzugeben. Auf eine nochmalige Feststellung des Gewichtes durch den Unternehmer wird verzichtet. Wenn in Ausnahmefällen Gewichtsfeststellung durch den Unternehmer beantragt wird oder das frachtpflichtige Gewicht vom Absender nicht ermittelt werden kann, wird vom Bruttogewicht für eine Flachpalette ein Durchschnittsgewicht von 30 kg und für Boxpaletten ein solches von 60 kg abgezogen[1]).

6. Auf dem Frachtbrief ist neben den sonst geforderten Angaben in Spalte „Inhalt" Zahl und Art der verwendeten Paletten zu vermerken, z. B. „2 Austausch-Flachpaletten".

B. Für den Stückgutverkehr

7. Jede Palette darf nur mit Gut für *einen* Bestimmungsort beladen werden. Wenn eine Palette Gut für mehrere Empfänger enthält, ist für jede Sendung ein Frachtbrief auszustellen und jedes Stück zu bezeichnen. Enthält eine Boxpalette nur Gut für einen Empfänger, so genügt die Bezeichnung weniger Stücke.

8. Die Fracht wird nach den Bestimmungen für Stückgut berechnet. Dabei wird der Frachtberechnung ein Mindestgewicht von 200 kg zugrunde gelegt.

9. Bei der Übernahme durch den Unternehmer kann die Stückzahl der auf den Paletten verladenen Güter nicht immer festgestellt werden. Die Firma übernimmt daher die Gewähr für die Richtigkeit der Stückzahl.

C. Für den Ladungsverkehr

10. Die Fracht wird nach den Bestimmungen für Ladungen berechnet.

11. Die vom Absender im Frachtbrief angegebene Anzahl der Paletten ist für den Güterfernverkehrsunternehmer beim Tausch maßgebend. Unterschiede sind zwischen Absender und Empfänger zu klären.

D. Verzögerungsgebühren

12. Verfügt der Empfänger einer Palettensendung nicht über die erforderliche Anzahl von Austauschpaletten zum Soforttausch Zug um Zug, so werden ihm die Paletten gegen Empfangsbescheinigung 24 Stunden überlassen. Innerhalb dieser Frist hat er die Paletten an die vom Unternehmer angegebene Stelle zurückzugeben. Bei Überschreitung dieser Tausch- oder Rückgabefrist wird dem Empfänger — wenn dieser die Zahlung ablehnt, dem Absender — eine Verzögerungsgebühr von 1,— DM je Palette für je angefangene 24 Stunden zuzüglich Schreibgebühr und Porto berechnet.

Vorstehende Bedingungen erkenne(n) ich/wir als verbindlich für jede Verwendung von Austauschpaletten an.

..............................., den ....

....

(Unterschrift)

---

[1]) Für Gitterboxpaletten empfiehlt sich wie bei der Bundesbahn ein Abzug von 80 kg.

V. Sonstige Palettenformen (Nicht-Austauschpaletten)

1. Definition

Unter den nachstehenden Abhandlungen sind alle die Paletten zusammengefaßt, die entweder nicht der technischen Ausgestaltung der Austauschpaletten entsprechen oder nicht als solche verwendet werden. Diese Palettenformen sind von großer praktischer Bedeutung. Das gilt sowohl für den Schienenverkehr, bei dem für diese Paletten besondere Musterverträge geschaffen wurden, als auch ganz besonders für den Straßenverkehr, bei dem die nicht tauschbaren Paletten zahlenmäßig weit überwiegen.

Trotz der Schaffung des Palettenpools, dem derartige Palettenformen nicht angehören, hat ihre Zahl stetig zugenommen. Der Grund hierfür liegt einmal in dem Umstand, daß auch die Deutsche Bundesbahn vor Inkrafttreten des Pools die Palette 1000 × 1200 mm gefördert hat. Zum anderen wird der Palette 1000 × 1200 mm auch heute noch in weiten Kreisen der Verladerschaft der Vorzug gegeben, weil die Verpackung des Gutes häufig noch nicht auf die Abmessungen der Austauschpaletten abgestimmt ist und die Palette 1000 × 1200 mm eine günstigere Auslastung vieler Betriebsmittel gestattet. Hinzu kommt, von der Verladerseite her gesehen, daß gewisse Güter besondere Palettenformen erfordern, die sowohl hinsichtlich der Abmessungen als auch bezüglich der sonstigen Einrichtungen von der Austauschpalette abweichen.

2. Palettenformen

In den beiden auf den Seiten 60 bis 64 auszugsweise wiedergegebenen Normblättern DIN 15 141 für Flachpaletten und DIN 15 142 für Boxpaletten hat der Deutsche Normenausschuß einige wichtige Formen von Palettenkonstruktionen zusammengefaßt[1]).

Darüber hinaus gibt es in der Praxis außerordentlich vielfältige Palettenformen sowohl im Hinblick auf die Abmessungen als auch auf das verwendete Material und die Aufbauten. Von der Papier- bis zur Stahlpalette, von der Flach- bis zur Boxpalette mit überdimensionalen Wänden und bis zum geschlossenen Kasten, der schon in die Behälterformen hineinspielt, variieren diese Typen. Sie werden konstruiert für die Aufnahme ganz bestimmter Waren und sind häufig mit Sondereinrichtungen versehen, z. B. Paletten

[1]) Die Normblattangaben werden mit Genehmigung des Deutschen Normenausschusses wiedergegeben. Maßgebend ist die jeweils neueste Ausgabe des Normblattes im Normformat A 4, die bei der Beuth-Vertrieb GmbH, Berlin 15 und Köln erhältlich ist.

Stapelplatten (Paletten)

Hauptmaße

DIN 15141

Form A
Gabeleinführung an der Breitseite
Form B
Gabeleinführung an der Längsseite
(punktiert gezeichnet)
Form C
Gabeleinführung an beiden Seiten

Form D
Gabeleinführung an der Breitseite
Form E
Gabeleinführung an beiden Seiten

Form F
Gabeleinführung an der Längsseite
Form G
Gabeleinführung an beiden Seiten

Die Gestaltung braucht der bildlichen Darstellung nicht zu entsprechen, nur die angegebenen Maße sind einzuhalten.

Ansicht von oben

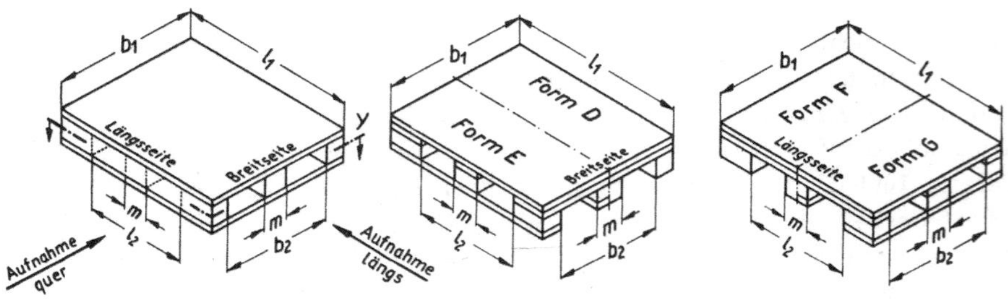

Breite b_1	Länge l_1	b_2 Kleinstmaß	b_2 empfohl. Maß ²)	l_2 Kleinstmaß	l_2 empfohl. Maß ²)	m Größtmaß	m empfohl. Maß ²)	Bemerkungen
800	1000	590 ¹)	600	710 ¹)	720	150 ¹)	140	ISO *)-Empfehlung für Verkehr mit Großbritannien
800	**1200**	590 ¹)	600	760 ¹)	800 ¹)			ISO-Empfehlung und internationale Eisenbahnnorm
1000	**1200**	710 ¹)	720	760 ¹)	800 ¹)			ISO-Empfehlung, internationale Eisenbahnnorm und Einheitsgröße der deutschen Eisenbahnen. In Deutschland vor jeder anderen Größe bevorzugen.

*) ISO = International Organization for Standardization
¹) Diese Maße entsprechen der vorgeschlagenen ISO-Empfehlung.
²) Insbesondere für Holzkonstruktion

in Wannenform für Fässer oder kugelartige Behälter, für Stahlflaschen oder besondere Maschinenteile. Eine Papierpalette setzt sich z. B. aus zwei Papierrollen zusammen, um die als Tragboden ein starkes Natronkraftpapier an beiden Seiten schlaufenförmig herumgewickelt ist. Die Größe des Papierbodens bestimmt das Palettenmaß. Beim Versand kann dieser Boden auf eine Rolle aufgewickelt werden. Durch den Druck des aufgestapelten Gutes werden die Papprollen seitlich weggedrückt und bieten gleichzeitig den Gabeln des Gabelstaplers Halt für den Umschlag der Paletten.

Stapelbehälter (Boxpaletten)

Hauptmaße Aufsetzvorrichtungen

DIN 15142

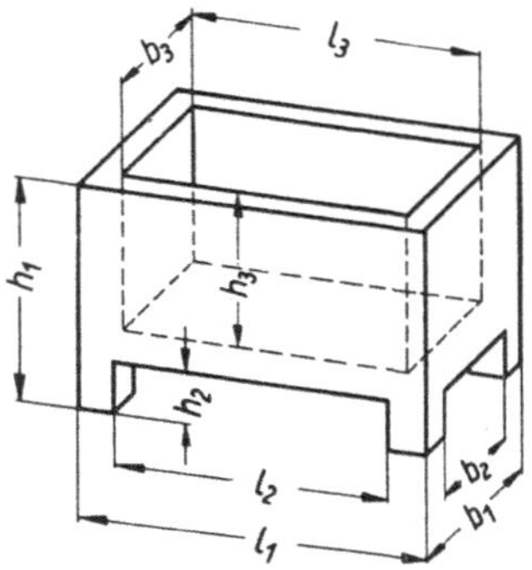

Die Maße b_1 und l_1 beziehen sich bei Behältern mit Aufsatz Form A, B, C und D auf die Füße, bei Behältern mit Aufsatz Form E auf die oberen Behälterkanten (siehe Beispiele Seite 2)

Bezeichnung eines Stapelbehälters von Tragfähigkeit 1000 kg, Breite b_1 = 800 mm, Länge l_1 = 1000 mm, Höhe h_1 = 650 mm, Einfahrhöhe h_2 = 100 mm und Aufsetzvorrichtung A [1]):

Stapelbehälter 1000 – 800 × 1000 × 650 – 100 – A DIN 15142

Tragfähigkeit kg
500
1000
2000
3200

Flächenmaße							
Außenmaße				Innenmaße			
Breite b_1	Länge l_1	b_2 Kleinstmaß	l_2 Kleinstmaß	b_3 Kleinstmaß	b_3 [2])	l_3 Kleinstmaß	l_3 [2])
500	800	350	600	470	420	750	720
800	1000	600	700	750	700	950	900
800	**1200**	600	750	750	700	1130	1080
1000	**1200**	700	750	950	880	1130	1080
1200	2000	750	1400	1130	1060	1900	1860

Höhenmaße				
h_1	h_2: **100**	**214**	(300)	350 [3])
Größtmaß	h_3 Kleinstmaß			
400	275	–	–	–
525	400	275	–	–
650	525	400	325	275
775	650	525	450	400
900	775	650	575	525
1025	900	775	700	650

Fettgedruckte Größen bevorzugen, eingeklammerte möglichst vermeiden.

[1]) Aufsetzvorrichtungen siehe Seite 2

[2]) Nur für Vierkantprofile. Kästen nach DIN 15143 passen nur teilweise.

[3]) Der Hub von Hand-Hubwagen reicht für diese Einfahrhöhe nicht aus.

Kästen für Stapelplatten, Stapelbehälter und Regale siehe DIN 15143

Verhältnismäßig neu auf dem Markt sind Paletten aus Kunststoff. Es handelt sich hierbei um glasfaserverstärktes Polyesterharz. Die Paletten haben im Gegensatz zur Austauschflachpalette mit 30 kg (800 × 1200 mm) nur ein Eigengewicht von 9,5 kg (1000 × 1200 mm). Sie sind gegen chemische Einflüsse weitgehend unempfindlich und witterungsfest. Allerdings ist der Preis für eine derartige Palette wesentlich höher als für Holzpaletten der Poolausführung[1]).

[1]) Verkehr, Nr. 13/1962. S. 458.

DIN 15142

Beispiele

Behälter mit Fangecken-Aufsatz A

aus Winkelstahl mit Holzwänden

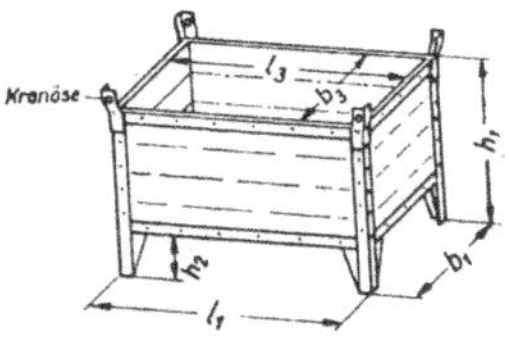

Bild 1

ohne Seitenwände (Rungenplatte)
aus Vierkantstahl (hohl) mit Holzboden

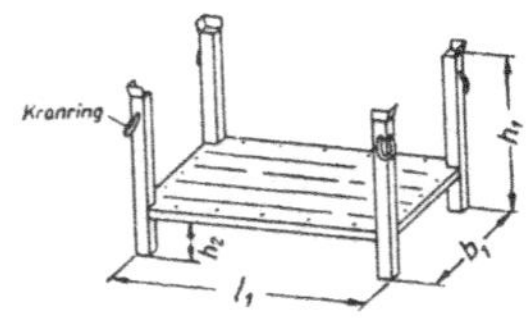

Bild 2

aus Vierkantleichtmetall (hohl)
mit Drahtwänden

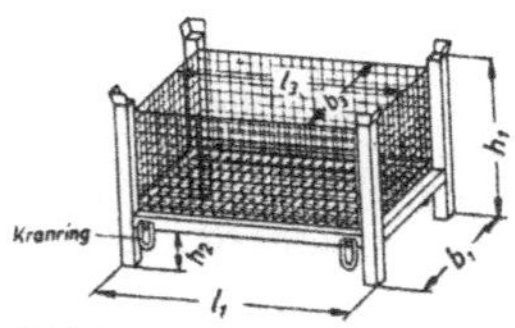

Bild 3

Behälter mit Steilwinkel-Aufsatz B

mit Stahlgitterwänden und Holzboden
(Boxpalette) (Bundesbahnausführung)

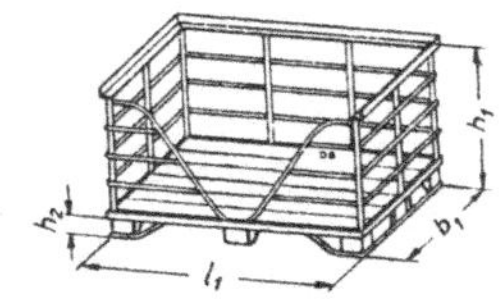

Bild 4

aus Winkelstahl mit Holzwänden

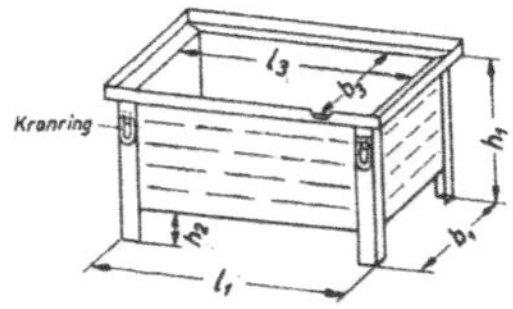

Bild 5

Behälter mit Dorn-Aufsatz C

aus Vierkantstahl (hohl) mit Stahlblechwänden

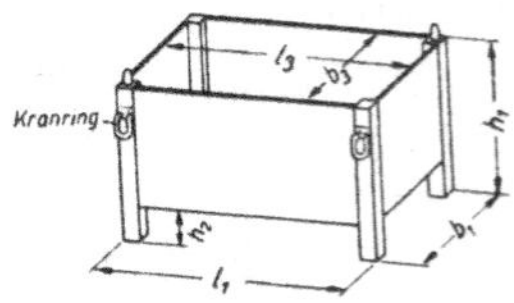

Bild 6

Behälter mit Fanglaschen-Aufsatz D

mit Stahlblechwänden (gesickt)
Fuß [-Profil

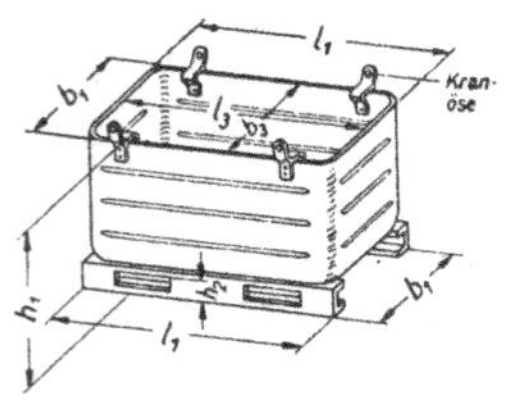

Bild 7

aus Hartholz, faltbar, auf Stapelplatte
nach DIN 15141 C

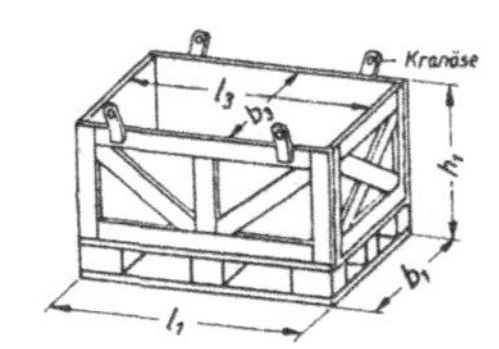

Bild 8

Behälter mit Krallenfuß-Aufsatz E

aus Stahlgitter

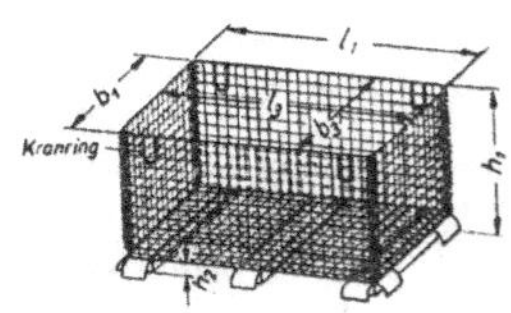

Bild 9

Die Abbildungen auf den Seiten 65 bis 68 geben nur einen kleinen Ausschnitt aus dem Produktionsprogramm der Palettenhersteller wieder[1]).

[1]) Einige Hersteller von Paletten (vgl. auch S. 35 ff.):
Bahnbedarf Rodberg GmbH, Darmstadt, Julius-Reiber-Straße 17, Postfach 120.
ELKAS Transportgeräte und Apparatebau GmbH, Gladenbach/Hessen, Bahnhofstraße 30.
Carl Gluud, Kistenfabrik — Sägewerk, Holzimport, Bremen 10, Ladestr. 29/31.
Industriemaschinen und Werkzeuge GmbH, Witten/Ruhr, Postfach 293.
Lohnerwerke, Gesellschaft mbH, Wien IX, Porzellangasse 2.
Rosenberg & Co., Maschinen und Geräte der Verpackungstechnik, Northeim, Postfach 246, Stettiner Straße 10.
Adolf Schleifenbaum KG, Holzindustrie, Bödefeld, Postfach 43.
Hermann Waldner KG, Wangen im Allgäu, Postfach 98.

Erläuterungen zu DIN 15142

Diese Norm über Stapelbehälter wurde aus den Erfahrungen der Transport- und Fertigungsunternehmungen solcher Länder entwickelt, welche bereits in größerem Umfange Stapelbehälter verwenden. Ferner wurden die aus der bisherigen Anwendung von Behältern gewonnenen Erkenntnisse in Deutschland verwertet. Es bestand Einmütigkeit darüber, nur gleichartige Typen in den Verkehr zu bringen, um sie so weit wie möglich untereinander stapelbar zu gestalten. Auf die Übereinstimmung mit den Hauptabmessungen der Stapelplatten nach DIN 15 141 wurde Wert gelegt, da zu erwarten ist, daß außer Stapelplatten zu späterer Zeit auch Stapelbehälter in die internationalen Normungsarbeiten einbezogen werden.

Um eine Typenbeschränkung herbeizuführen, wurde die Tragfähigkeit der Stapelbehälter zunächst mit 500, 1000, 2000, 3200 kg festgelegt. Hierdurch soll verhindert werden, daß durch unsachgemäße Verwendung zu schwacher Behälter die als wünschenswert angesehene weitere Einführung von Behältern im inner- und außerbetrieblichen Transportverkehr behindert wird und hierdurch gegebenenfalls Rückschläge eintreten.

Die Außenabmessungen der Behälter beziehen sich meist auf die Außenkante der Füße als die wichtigsten Grundmaße. Gestalt und Abmessungen der Aufsetzvorrichtungen sind entscheidend von den Bezugsmaßen der Füße abhängig, weshalb die Einhaltung der Außenmaße der Behälter von Bedeutung ist.

Die Normung der Innenmaße erweist sich wegen der Aufnahme von Kästen nach DIN 15 143 ebenfalls als notwendig. Zwischen Außenmaß und Innenmaß muß der Unterschied zwischen dünnwandiger Blechkonstruktion und dickwandiger Holzkonstruktion aufgefangen werden. Es ist Aufgabe der Konstruktion, hier eine geeignete Lösung zu finden.

Die Einfahrhöhen h_2 und die lichten Weiten b_2 und l_2 wurden festgelegt, damit die Behälter von Gabelstaplern, Gabelhubwagen usw. mit genormten Gabelabmessungen aufgenommen werden können.

Die Gesamthöhe der Behälter wird von Fußunterkante bis obere Behälter-Auflagekante gemessen, also ohne Berücksichtigung der Höhe von Aufsetzvorrichtungen.

Die Zahl der Aufsetzvorrichtungen wurde bewußt klein gehalten und nur 3 der 5 aufgeführten Formen besonders hervorgehoben und somit zur Anwendung empfohlen. Fangecken-, Fanglaschen- und Krallenfuß-Aufsätze sind in fast allen Fällen anwendbare und ausreichende Aufsetzvorrichtungen, die bei Einhaltung der genormten Maße Behältern verschiedenster Konstruktionen ein wahlweises Aufeinanderstapeln innerhalb der gleichen Formen gewährleisten. Es kann angenommen werden, daß sich Form A als die gebräuchlichste Aufsetzvorrichtung einführen wird.

Die Anwendung der Aufsetzvorrichtung Form C, Dornaufsatz, bringt gewisse Schwierigkeiten mit sich, so bestechend im ersten Augenblick die Art des Dornaufsatzes auch erscheinen mag. Dornaufsätze verlangen Vierkantprofile, die aber eine Abweichung vom genormten Innenmaß ergeben und somit ein Hindernis darstellen, Kästen nach DIN 15 143 ohne Einschränkung zu verwenden. Auch läßt sich der Abstand der Dorne an den zwei gegenüberliegenden Ecken nicht normen, es sei denn, daß man davon abginge, bei unterschiedlichen Vierkantprofildicken den Dornaufsatz auf den Querschnittsmittelpunkt zu setzen. Hier ließe sich nur durch eine Normung der Vierkantprofile eine befriedigende Lösung finden, entweder durch Zulassung nur einer oder einiger weniger Profilgrößen: Da diese Beschränkung in der Norm bisher nicht vorgesehen ist, wird empfohlen, von der Anwendung von Dornaufsätzen, Kugeln, Pfannen, Trichtern usw. abzusehen, da sie wegen ihrer Vielgestalt die allgemeine Stapelfähigkeit stören. Die Aufsatzart, bei der der Behälterfuß als Aufsetzvorrichtung ausgebildet ist, bereitet ähnliche Schwierigkeiten, weshalb sie nicht vorgesehen ist.

Die auf Seite 3 aufgeführten Beispiele sollen angeben, wie die Hauptbaumaße bei den einzelnen Behälterarten zu verstehen sind und welche Möglichkeiten des Aussehens eines Behälters bestehen.

Bei der Ausarbeitung der Normen über Stapelbehälter war sich der Arbeitsausschuß darüber im klaren, daß noch weitaus mehr Arten von Aufsetzvorrichtungen, Behälterformen usw. möglich sind. Wenn jedoch ein freizügiger Austausch von Behältern von Werk zu Werk und auch die Stapelbarkeit von Behältern untereinander erreicht werden soll, so muß sich die deutsche Wirtschaft dazu entschließen, eine Mindestzahl der bewährtesten Aufsetzvorrichtungen und Behälternormen anzuerkennen und auch in ihren Betrieben einzuführen. Anderenfalls würde die aufgewendete Normungsarbeit ihren Zweck verfehlen.

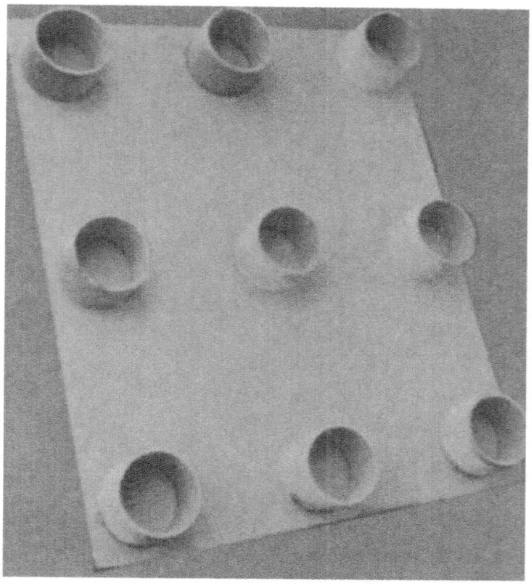

Palette aus Preßpappe

Boxpalette der SBB

Pool-Flachpalette nach DIN 15 146 Blatt 2 mit Aufsetzrahmen nach DIN 15 148, zusammensteckbar

Palette 800 × 1200 mm mit Kunststoffklötzen

Palette mit Stahlschiene und Aufsetzrahmen

Versuchsausführung einer Boxpalette 1960

Holzflachpalette mit Aufsetzrahmen

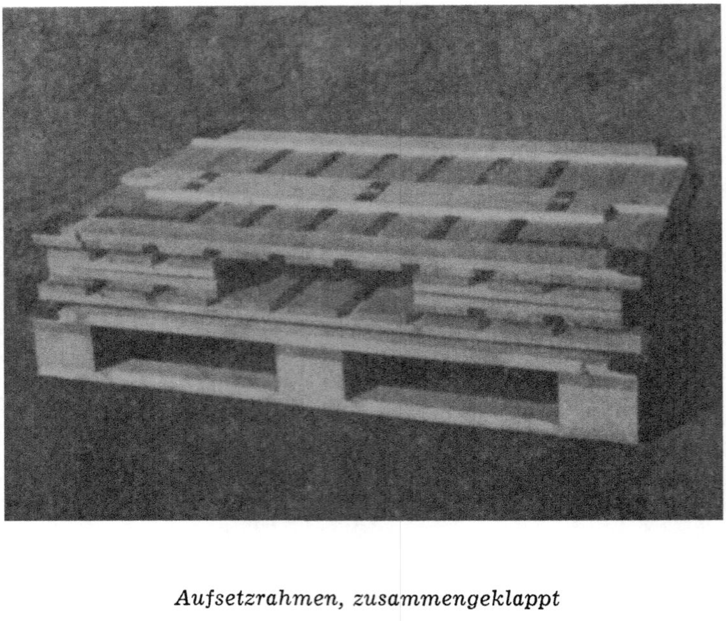

Aufsetzrahmen, zusammengeklappt

3. Paletten-DIN-Normen[1])

DIN-Nr.	Ausgabemonat und -jahr	Titel
15 132	11. 55	Ladepritschen und Aufbauten
15 141	7. 55	Stapelplatten (Paletten), Hauptmaße[2])
15 142	6. 55	Stapelbehälter (Boxpaletten), Hauptmaße, Aufsetzvorrichtungen[3])
15 143	6. 55	Kästen für Stapelplatten, Stapelbehälter und Regale, Hauptmaße
15 144	11. 57	Gitter-Boxpaletten (Stapelgitterbehälter), nicht zusammenklappbar
15 146 Bl. 1	(9. 58 Entwurf)	Vierweg-Flachpaletten aus Holz, 800 × 1000 mm
15 146 Bl. 2	12. 59	Vierweg-Flachpaletten aus Holz, 800 × 1200 mm[4])
15 146 Bl. 3	(9. 58 Entwurf)	Vierweg-Flachpaletten aus Holz, 1000 × 1200 mm
15 147	9. 58	Holzpaletten, technische Lieferbedingungen
15 148	9. 58	Aufsetzrahmen aus Holz für Flachpaletten, zusammenlegbar
15 149	9. 58	Aufsetzrahmen aus Holz für Flachpaletten, nicht zusammenlegbar
15 155	2. 62	Gitterboxpalette 800 × 1200 mm mit zwei Vorderwandklappen, Tauschpalette[5])

[1]) Auszug aus dem Normblatt-Verzeichnis für Hebezeuge und Fördermittel, in: Herbert Cordes und Fritz Weitzel, Rationalisierung des Güterumschlags in Speditions- und Lagereibetrieben, Beuth-Vertrieb GmbH, Berlin—Köln—Frankfurt/M. 1961.

[2]) Vgl. S. 60.

[3]) Vgl. S. 41 und 61 ff.

[4]) Vgl. S. 38.

[5]) Vgl. S. 39 f.

VI. Kundensonderpaletten bei der Deutschen Bundesbahn

1. Einsatzmöglichkeiten

Die Bedingungen für den Einsatz der Kundensonderpaletten ergeben sich aus dem mit der Bundesbahn abgeschlossenen schriftlichen Vertrag, der von beiden Parteien mit vierteljährlicher Frist kündbar ist. In dieser Vereinbarung wird u. a. festgelegt, welche Art von Paletten der Kunde als Kundensonderpaletten einsetzen wird.

Äußerlich unterscheiden sich Kundensonderpaletten dadurch von den Tauschpaletten, daß sie neben dem Zeichen „DB" das Zeichen „P" und den Namen des Einstellers, der Heimatgüterabfertigung sowie eine laufende Nummer tragen. Das Eigengewicht muß an ihnen angeschrieben sein. Die Außenflächen der Paletten sind unterhalb der Ladefläche mit einem dauerhaften grünen Anstrich zu versehen, damit eine Verwechslung möglichst verhindert wird. Die Zeichen „DB" und „P" müssen bei Ablauf des Vertrages wieder gelöscht werden. Bei den in Abschnitt I 2 b erwähnten Sondereinrichtungen handelt es sich um Löcher oder sonstige Befestigungsmöglichkeiten für das palettierte Gut. Sie müssen jedoch so beschaffen sein, daß sie die Ausnutzung der leer zurückzusendenden Paletten nach Punkt 2.9 des weiter unten wiedergegebenen Vertrages[1]) nicht behindern.

Kundensonderpaletten können im *Frachtstückgutverkehr* oder auch im *Wagenladungsverkehr* eingesetzt und nach den Güterabfertigungen der Deutschen Bundesbahn und der nichtbundeseigenen Eisenbahnen abgerichtet werden. Soweit Abfertigungsbeschränkungen nach dem Tarif bestehen, gibt sie die zuständige Güterabfertigung auf Anfrage bekannt. Sollen Kundensonderpaletten im *Eilstückgutverkehr* oder nach dem Ausland eingesetzt werden, so ist grundsätzlich eine vorherige Vereinbarung erforderlich. Es gelten hier die Darlegungen über den Einsatz von Austauschpaletten im Eilstückgutverkehr entsprechend[2]).

Kundensonderpaletten können auch im *Sammelladungsverkehr* verwendet werden. Die Einzelheiten der Verwendung im Sammelladungsverkehr regelt eine Zusatzvereinbarung zum Einstellungsvertrag, die zwischen dem Einsteller, dem Versandspediteur der Sammelladung — gegebenenfalls auch dem Empfangsspediteur — einerseits und der Deutschen Bundesbahn andererseits abzuschließen ist[3]). Kundensonderpaletten sind freizügig verwendbar. Sie können also auch im *gewerblichen Güterfernverkehr* eingesetzt werden[4]).

---

[1]) Vgl. S. 77 ff.

[2]) Vgl. S. 43.

[3]) Vgl. S. 82 f.

[4]) DB-Kundenbrief, Nr. 1/1960, S. 1.

Bei Verlust einer Kundensonderpalette während der Eisenbahnbeförderung ersetzt die Deutsche Bundesbahn ihren Zeitwert. Die Bahn haftet für Beschädigungen der Kundensonderpaletten während der Beförderung mit der Bahn nur dann, wenn ihr Vorsatz oder grobe Fahrlässigkeit zur Last fällt.

2. Kundensonderpaletten im Stückgutverkehr

a) Besondere Vorschriften

Zugelassen sind nur Paletten mit Gut für *einen* Bestimmungsbahnhof. Enthält eine Palette Gut für mehrere Empfänger, so ist für jede Sendung ein Frachtbrief auszustellen und jedes Stück zu bezeichnen. In diesem Falle ist unbedingt auf dem Frachtbrief vom Versender anzugeben, wem die Palette auszuliefern ist. Enthält eine Palette nur Gut für *einen* Empfänger, so genügt die Bezeichnung weniger Stücke, wenn durch die Art der Palette (Boxpalette oder Zusatzeinrichtungen) ein Herabfallen der Güter verhindert wird.

Zu beachten ist, daß der Versender die Gewähr für die Richtigkeit der Stückzahl übernimmt, da bei Übernahme durch die Bahn die Stückzahl der auf den Paletten verladenen Güter nicht immer festgestellt werden kann.

Gemäß dem Vertrag über die Einstellung werden Kundensonderpaletten für die Dauer des Hin- und Rücktransportes, längstens auf 14 Wochen, gerechnet vom Tage der jeweiligen Auflieferung der Paletten, der Deutschen Bundesbahn übereignet. Diese kann also die Paletten beim Rücktransport auch für eigene Zwecke verwenden.

Die Kundensonderpaletten werden zusammen mit dem Gut ausgeliefert und vom Empfänger an den Absender zurückgesandt. Die Bahn übernimmt es also nicht, für die Rücksendung der leeren Paletten zu sorgen. Dies bleibt vielmehr Aufgabe des Versenders bzw. Empfängers.

b) Frachtbestimmungen

L a s t l a u f

Die Fracht berechnet sich nach den Tarifbestimmungen für Stückgut. Dabei wird der Frachtberechnung ein *Mindestgewicht von 100 kg je Palette* zugrunde gelegt. Außerdem können für die gewichtsmäßige Ausnutzung im Einstellungsvertrag noch bestimmte Höchst- und Mindestgrenzen festgesetzt werden.

Bei der Frachtberechnung gilt das Nettoprinzip, d. h. das Eigengewicht, das an der Kundensonderpalette angeschrieben ist, wird zur Frachtberechnung nicht herangezogen. Hilfseinrichtungen gelten als Packmittel und sind dem Gewicht des Gutes hinzuzurechnen.

Ferner wird im Stückgutverkehr für jede Kundensonderpalette bei Auflieferung im Lastlauf eine Behandlungsgebühr in folgender Höhe erhoben:

Auf eine Entfernung von	Flachpalette 800 × 1200 mm oder 1000 × 1200 mm DM	Flachpalette Andere Maße DM	Boxpalette 800 × 1200 mm oder 1000 × 1200 mm DM	Boxpalette Andere Maße DM
1 — 199 km	1,—	1,50	1,50	2,—
200 — 399 km	2,—	2,50	2,50	3,—
400 und mehr km	3,—	3,50	3,50	4,—

Im Frachtbrief ist in der Spalte „Wirkliches Rohgewicht" das Gewicht des Gutes einschließlich der Verpackung anzugeben. Außer den sonst geforderten Angaben sind weiterhin in der Spalte „Inhalt" Zahl, Bauart und Nummer der verwendeten Paletten, z. B. „Box-Kundensonderpaletten Nr. 14 und 23", zu vermerken.

Bei der Auflieferung der Palettensendung ist dem Frachtbrief ein ausgefüllter Begleitschein beizugeben. Vordrucke gibt die Güterabfertigung kostenlos ab. Der Begleitschein hat den auf der folgenden Seite wiedergegebenen Inhalt. Auf dem Empfangsbahnhof werden die beladenen Paletten dem Empfänger mit dem Begleitschein ausgeliefert.

Leerlauf

Der Empfänger kann die Kundensonderpaletten als Frachtstückgut innerhalb einer Frist von drei Monaten nach der Auslieferung frachtfrei an den Einsteller zurücksenden. Voraussetzung hierfür ist, daß

1. bei Auflieferung der beladenen Paletten dem Frachtbrief ein ausgefüllter Begleitschein für die Leer-Rückbeförderung beigegeben wird,
2. der Bgleitschein, der dem Empfänger bei Auslieferung der beladenen Paletten vom Empfangsbahnhof übergeben wurde, bei der Rücksendung der leeren Paletten vorgelegt wird und
3. der Rücksender die leeren Kundensonderpaletten bezettelt.

Bei Überschreitung der Frist von drei Monaten für die Rücksendung der Kundensonderpaletten gehen die genannten Frachtvorteile verloren. Nach Ablauf dieser Frist ist also die Stückgutfracht für das volle Gewicht der Kundensonderpaletten zu berechnen.

Wird die Rückbeförderung als Eilstückgut verlangt, so sind die Kundensonderpaletten mit Eilfrachtbrief aufzuliefern. In diesem Falle ist die tarifmäßige Fracht nach Klasse Ie zu zahlen[1]).

[1]) Transport-Dienst, Nr. 43/1962, S. 1886.

Begleitschein

für Kundensonderpaletten im Frachtstückgutverkehr

1			2	3
Paletten			Heimatbahnhof	Einsteller (Firma)
Zahl	Bauart (Box-, Gitterbox- oder Flachpaletten)	Nr.		

Hinweg

4	5	6	7	8
Nach Bahnhof	bel. oder leer	Tagesstempel des Versandbahnhofs	Tagesstempel des Empfangs-bahnhofs	Bei leeren Paletten Verrechnungs-karte Nr.

Rückweg

9	10	11	12	13
Nach Bahnhof	bel. oder leer	Tagesstempel des Versandbahnhofs	Tagesstempel des Empfangs-bahnhofs	Bei leeren Paletten Verrechnungs-karte Nr.

Sollen die Paletten auf dem Hinweg leer und auf dem Rückweg beladen befördert werden, so ist der Begleitschein in doppelter Ausfertigung beizugeben. Anhand der bei der Empfangsgüterabfertigung verbleibenden Ausfertigung wird von der Bahn kontrolliert, ob der Lasttransport innerhalb der vorgeschriebenen Frist von drei Monaten erfolgt. Im übrigen gelten die obigen Bestimmungen entsprechend.

3. Kundensonderpaletten im Wagenladungsverkehr

Lastlauf

Es gelten die Frachtberechnungsbestimmungen des § 50 DEGT, Teil I, Abt. B. Die Kundensonderpaletten werden also als Ladegeräte bis zu 10 % des wirklichen Gewichts des Gutes, für das sie verwendet werden, frachtfrei befördert.

Ist das Gewicht der Paletten höher als die frachtfrei zu befördernde Menge, so wird das Mehrgewicht dem wirklichen Gewicht des Gutes — bei Zusammenladung ungleich tarifierter Güter dem wirklichen Gewicht des Gutes, das dem Gewicht nach überwiegt, bei gleichem Gewicht demjenigen des höchsttarifierten Gutes — zugeschlagen. Hilfseinrichtungen, die der besseren Unterbringung des Gutes auf oder in der Palette oder dem Schutz des Gutes dienen, werden als Packmittel behandelt.

Der Absender hat im Frachtbrief des Lastlaufs in der Spalte „Inhalt" die Kundensonderpaletten nach Zahl und Bauart näher zu bezeichnen und in der Spalte „Wirkliches Rohgewicht" ihr Gewicht, getrennt von dem Gewicht des Gutes, anzugeben.

Ist das Gewicht der Kundensonderpaletten im Frachtbrief nicht getrennt angegeben, so wird die Fracht für das Gesamtgewicht wie für das Gut berechnet.

Die Tragfähigkeit (Lastgrenze) der Wagen darf mit Einrechnung des Gewichts der Kundensonderpaletten nicht überschritten werden. Gemäß § 50 Ziff. 7 DEGT, Teil I, Abt. B werden die Kundensonderpaletten auf dem Bestimmungsbahnhof dem Empfänger mit dem Gut ausgeliefert.

Dem Frachtbrief für das Gut, für das die Kundensonderpaletten verwendet werden, darf der für die Rück- und Weitersendung der Kundensonderpaletten bestimmte Frachtbrief beigegeben werden. Die Bahn haftet nicht für die Folgen, die aus dem Verlust des Frachtbriefes und der nicht ordnungsgemäßen Ausführung des Auftrages entstehen.

Leerlauf

Im Stückgutverkehr

Bei Kundensonderpaletten, die im Lastlauf im Wagenladungsverkehr bereits befördert wurden oder noch zu befördern sind, erfolgt die Beförderung frachtfrei, sofern sie leer im Stückgutverkehr zurückbefördert oder an den

Ort ihrer Beladung gesandt werden. Vorausgesetzt ist hierbei jedoch, daß ihr Gewicht nicht höher liegt als 10 % des wirklichen Gewichts des Gutes, das im Lastlauf auf ihnen befördert wurde oder noch befördert werden soll. Dies gilt sowohl für die Rück- oder Weitersendung vom Bestimmungsbahnhof des Gutes nach einem beliebigen Bahnhof als auch für die Hinsendung des Gutes. Das im Lastlauf die 10 % übersteigende Gewicht wird bei Auflieferung der leeren Paletten nach den Bestimmungen für Stückgut unter Zugrundelegung des halben Mehrgewichts zur Frachtberechnung herangezogen.

Zur Rück- oder Weitersendung sind die Kundensonderpaletten innerhalb von drei Monaten nach ihrer Auslieferung aufzugeben. Außerdem ist bei der Auflieferung der Frachtbrief über die Sendung, bei der die Kundensonderpaletten verwendet worden sind, vorzulegen. Wird die Rückbeförderung als Eilstückgut verlangt, so sind die Kundensonderpaletten mit Eilfrachtbrief aufzuliefern. In diesem Falle ist die tarifmäßige Fracht zu zahlen.

Der Absender hat in den Frachtbrief einzutragen:

1. in die Spalte „Anschrift oder Zeichen und Nummer“: den Namen des Eigentümers;
2. in die Spalte „Inhalt“: Kundensonderpaletten

   und darunter den Vermerk: „Die Kundensonderpaletten sind für eine Sendung von ... (Absender) in ... an ... (Empfänger) in ... verwendet worden“;
3. in die Spalte „Wirkliches Gewicht“: das Gewicht der Kundensonderpaletten.

Bei der Beförderung der leeren Kundensonderpaletten zum Versandbahnhof des Gutes, für das sie verwendet werden sollen, ist im Frachtbrief der Vermerk anzubringen: „Für die von ... (Absender) in ... an ... (Empfänger) in ... aufzuliefernde Sendung von mindestens ... kg bestimmt.“

Das Gut, für dessen Transport die Kundensonderpaletten verwendet werden sollen, muß ebenfalls innerhalb von drei Monaten aufgeliefert werden. Ist diese Frist verstrichen, so wird für den Leerlauf nachträglich die Stückgutfracht für das wirkliche Gewicht der Kundensonderpalette erhoben.

Im Wagenladungsverkehr

Die Fracht für leere Kundensonderpaletten, die als Wagenladung aufgegeben und in einem bahneigenen Wagen befördert werden, beträgt unabhängig von Beförderungsweite und Gewicht pauschal 15 DM je Wagen. Bei Beförderung in sonst leeren Privatwagen wird nur die von der Beförderungsweite abhängige Leerlauffracht (vgl. § 46 Ziff. 16 DEGT, Teil I, Abt. B) erhoben. Das bedeutet, daß die Paletten in diesem Fall umsonst befördert werden.

Die Eintragungen im Frachtbrief entsprechen den für die Aufgabe als Frachtstückgut vorgeschriebenen Vermerken.

Voraussetzung für die Aufgabe der leeren Paletten als Wagenladung ist auch hier, daß die Rücksendung der leeren Kundensonderpaletten bzw. bei Hinsendung der leeren Paletten die Güter, für die die Kundensonderpaletten verwendet werden sollen, innerhalb von drei Monaten aufgeliefert werden. Wird die Bedingung nicht erfüllt, so werden die Kundensonderpaletten als C/D-Gut nach der Tarifstelle Gnr 1631 „Paletten" behandelt.

Die Frachtvergünstigung des § 50 Ziff. 8 f DEGT ist in diesem Falle nicht mehr wirksam. Dasselbe gilt auch dann, wenn die Paletten im Lastlauf nicht mit der Bahn befördert wurden.

Bei Aufgabe der leeren Kundensonderpaletten als *Eilgutwagenladung* (mit oder ohne Mehrgewicht) wird die Fracht für das gesamte Gewicht der Paletten berechnet, und zwar:

1. Bei Verwendung eines *bahneigenen Wagens* nach den allgemeinen Frachtberechnungsbestimmungen für Eilgutwagenladungen. Auch in diesem Fall wird die Fracht nach der Klasse C/D erhoben, wenn das wirkliche Gewicht der Ladung das für die Anwendung der 5-t-Frachtsätze erforderliche Gewicht erreicht. Bei Sendungen unter 5000 kg werden gegebenenfalls die Stückgutsätze für Wagenladungen angewandt.
2. Bei Verwendung eines *Privatwagens* erfolgt die Berechnung nach § 46 Ziff. 3-5 DEGT.

4. Kundensonderpaletten im Güterkraftverkehr der Deutschen Bundesbahn

Für die Verwendung von Kundensonderpaletten im Güterkraftverkehr der Deutschen Bundesbahn gelten die Bestimmungen in Teil II, Ziff. 18 des Reichskraftwagentarifs in der für den Güterfernverkehr mit Kraftfahrzeugen der Deutschen Bundesbahn gültigen Fassung vom 1. 1. 1959. Der RKT lautet hierzu wie folgt:

Lastlauf

Bei der Versendung mit dem Gut werden die Kundensonderpaletten bis zu 10 % des wirklichen Gewichts des Gutes, für das sie verwendet werden, frachtfrei befördert.

Beträgt das Gewicht der Kundensonderpaletten mehr als 10 % des wirklichen Gewichts des Gutes, für das sie eingesetzt werden, so wird das Mehrgewicht dem Gewicht des Gutes — bei verschieden tarifierten Gütern dem Gewicht des höchsttarifierten Gutes — zugeschlagen und die Fracht für das gesamte Gewicht wie für das Gut selbst berechnet.

Ist das wirkliche Gewicht des Gutes, für das die Kundensonderpaletten verwendet werden, niedriger als das der Frachtberechnung zugrunde zu legende Gewicht, so wird der frachtpflichtige Teil des Gewichts der Kundensonderpaletten darauf angerechnet.

Im Falle eines Schienennachlaufs im Stückgutverkehr wird das Eigengewicht der Kundensonderpaletten im Lastlauf voll zur Frachtberechnung herangezogen.

Die Paletten werden am Bestimmungsort dem Empfänger mit dem Gut ausgeliefert.

Dem Frachtbrief für das Gut, für das die Kundensonderpaletten verwendet werden, darf der für die Rücksendung der Paletten bestimmte Frachtbrief beigegeben werden. Der Unternehmer haftet wie beim Schienentransport nicht für die Folgen, die aus dem Verlust des Frachtbriefs und der nicht ordnungsgemäßen Ausführung des Auftrags entstehen.

L e e r l a u f

Kundensonderpaletten ohne Gut werden bei der Rücksendung nach dem Versandort des Gutes *frachtfrei* befördert. Wird Anspruch auf Rückbeförderung der Kundensonderpaletten vor Ablauf eines Zeitraums von vier Wochen erhoben, so ist die Fracht für gebrauchte Packmittel zu berechnen.

Für leere Kundensonderpaletten aus einem Schienennachlauf wird die Fracht für das volle Eigengewicht der Palette berücksichtigt.

Bei Rücksendung leerer Kundensonderpaletten, die beladen im Güterkraftverkehr der Deutschen Bundesbahn befördert wurden, wird die Fracht nach dem DEGT, Teil I, Abt. B, für das volle Gewicht berechnet.

5. Text des Vertrages der Deutschen Bundesbahn für Kundensonderpaletten

V e r t r a g

zwischen der Firma . . . .

— nachstehend Firma genannt —

und der Deutschen Bundesbahn, vertreten durch die Bundesbahndirektion .... über die Verwendung von Kundensonderpaletten.

Zur Förderung der Transportrationalisierung können als Kundensonderpaletten eingesetzt werden:

1. Paletten, die nach den Normen und Gütevorschriften für Austauschpaletten gebaut sind, aber nicht getauscht werden,
2. Paletten, die nach den Normen und Gütevorschriften für Austauschpaletten gebaut sind, aber zusätzlich bestimmte Sondereinrichtungen haben,
3. Paletten, die in den Abmessungen 800 × 1200 mm oder 1000 × 1200 mm gebaut sind und den Bestimmungen des Deutschen Normenausschusses entsprechen. Sie können auch mit Sondereinrichtungen ausgestattet sein.

Die Kundensonderpaletten werden im Stückgutverkehr der Deutschen Bundesbahn bei der Versandgüterabfertigung .... eingesetzt.

Für den Einsatz der Kundensonderpaletten gelten folgende Bedingungen:

1. Allgemein

1.1 Die Firma wird Kundensonderpaletten folgender Bauarten verwenden:

1.2 Die Paletten müssen mit „DB" und „P" gekennzeichnet sein und den Namen des Einstellers, der Heimatgüterabfertigung sowie eine laufende Nummer tragen. Außerdem muß an ihnen das Eigengewicht angeschrieben sein. Die Außenflächen der Paletten unterhalb der Ladefläche sind mit einem dauerhaften grünen Anstrich zu versehen, damit sie sich von bahneigenen Paletten leicht unterscheiden.

1.3 Kundensonderpaletten können nach Güterabfertigungen der Deutschen Bundesbahn und den nichtbundeseigenen Eisenbahnen abgerichtet werden. (Abfertigungsbeschränkungen nach dem Tarif gibt die Güterabfertigung auf Anfrage bekannt.) Die Verwendung im Eilstückgutverkehr und nach dem Ausland bedarf besonderer Vereinbarung.

2. Stückgutverkehr

2.1 Es sind nur Paletten mit Gut für einen Bestimmungsbahnhof zugelassen. Wenn eine solche Palette Gut für mehrere Empfänger enthält, ist für jede Sendung ein Frachtbrief auszustellen und jedes Stück zu bezeichnen. Wem die Palette auszuliefern ist, muß auf dem betreffenden Frachtbrief angegeben werden. Enthält eine Palette nur Gut für einen Empfänger, so genügt die Bezeichnung weniger Stücke, wenn durch die Art der Palette ein Herabfallen der Güter verhindert wird.

2.2 Die Firma vermerkt auf dem Frachtbrief außer den sonst geforderten Angaben in Spalte „Inhalt" Zahl, Bauart und Nummer der verwendeten Paletten, z. B. „2 Box-Kundensonderpaletten Nr. 14 und 23".

2.3 Bei der Übernahme durch die Eisenbahn kann die Stückzahl der auf den Paletten verladenen Güter nicht immer festgestellt werden. Die Firma übernimmt daher die Gewähr für die Richtigkeit der Stückzahl.

2.4 Die Kundensonderpaletten werden für die Dauer des Hin- und Rücktransportes, längstens auf 14 Wochen — gerechnet vom Tage der jeweiligen Auflieferung der Paletten — der Deutschen Bundesbahn übereignet. Sie werden dem Empfänger zusammen mit dem Gut ausgeliefert und vom Empfänger an den Absender zurückgesandt.

2.5 Die Fracht wird nach den Bestimmungen für Stückgut berechnet, dabei wird der Frachtberechnung ein Mindestgewicht von 100 kg je Palette zugrunde gelegt. Außerdem gilt für die gewichtsmäßige Ausnutzung noch folgendes ......

2.6 Das Eigengewicht der Kundensonderpaletten wird zur Frachtberechnung nicht herangezogen. Im Frachtbrief gibt deshalb die Firma als „wirkliches Rohgewicht" das Gewicht des Gutes einschließlich der Verpackung an. Hilfseinrichtungen, die der besseren Unterbringung des Gutes auf oder in der Palette oder dem Schutze des Gutes dienen, zählen nicht zur Palette. Sie gelten als Packmittel.

2.7 Für jede beladene Kundensonderpalette wird eine Behandlungsgebühr (Palettengebühr) in folgender Höhe erhoben:

Auf eine Entfernung von	Flachpalette	Boxpalette
1 — 199 km	1,— DM	1,50 DM
200 — 399 km	2,— DM	2,50 DM
400 km und mehr	3,— DM	3,50 DM

2.8 Für die Rückbeförderung der Paletten ist bei der Auflieferung der Sendung ein ausgefüllter Begleitschein dem Frachtbrief beizugeben. Sollen die Paletten auf dem Hinweg leer und auf dem Rückweg beladen befördert werden, ist der Begleitschein in doppelter Fertigung beizugeben. Vordrucke gibt die Güterabfertigung kostenlos ab.

2.9 Auf dem Empfangsbahnhof werden die Paletten dem Empfänger mit dem Begleitschein ausgeliefert. Mit diesem Begleitschein kann der Empfänger die Paletten als Frachtstückgut innerhalb einer Frist von 3 Monaten nach der Auslieferung frachtfrei an den Einsteller zurücksenden. Er hat die Kundensonderpaletten zu bezetteln. Die Deutsche Bundesbahn kann leere Kundensonderpaletten auf dem Rückweg für eigene Zwecke verwenden. Wird die Rückbeförderung als Eilstückgut verlangt, so sind die Kundensonderpaletten mit Eilfrachtbrief aufzuliefern. In diesem Fall ist die tarifmäßige Fracht zu zahlen.

3. Ladungsverkehr

3.1 Bei Auflieferung von Kundensonderpaletten im Wagenladungsverkehr sind im Frachtbrief des Lastlaufs Zahl und Bauart der verwendeten Paletten zu vermerken.

3.2 Wenn die Firma Kundensonderpaletten im Wagenladungsverkehr verwendet, gelten hierfür die Frachtberechnungsbestimmungen des § 50 der Allgemeinen Tarifvorschriften im Deutschen Eisenbahn-Gütertarif Teil I, Abt. B. Hilfseinrichtungen, die der besseren Unterbringung des Gutes auf oder in der Palette oder dem Schutze des Gutes dienen, rechnen nicht zur Palette; sie gelten als Packmittel.

3.3 Die Kundensonderpaletten dürfen im Bahnsammelgutverkehr nur verwendet werden, wenn hierüber zwischen Einsteller und Versandspediteur der Sammelgutladung — für den Fall eines Schienennachlaufs auch dem Empfangsspediteur der Sammelgutladung — einerseits und der Deutschen Bundesbahn andererseits eine Zusatzvereinbarung zu diesem Vertrag abgeschlossen ist.

3.4 Bei Verwendung von Kundensonderpaletten im Güterkraftverkehr der Deutschen Bundesbahn gelten hierfür die Bestimmungen in Teil II, Ziff. 18 des Reichskraftwagentarifs in der für den Güterfernverkehr mit Kraftfahrzeugen der Deutschen Bundesbahn gültigen Fassung.

Die Rücksendung leerer Kundensonderpaletten auf der Schiene nach den Bestimmungen für Paletten ist ausgeschlossen, wenn sie im Lastlauf im Güterkraftverkehr der Deutschen Bundesbahn befördert worden sind. Bei einem Schienennachlauf im Stückgutverkehr wird das Eigengewicht der Kundensonderpaletten im Last- und Leerlauf voll zur Frachtberechnung herangezogen.

4. Schlußbestimmungen

4.1 Geraten Kundensonderpaletten während der Eisenbahnbeförderung in Verlust, so ersetzt die Deutsche Bundesbahn ihren Zeitwert. Für Beschädigungen der Kundensonderpaletten während der Beförderung mit der Eisenbahn haftet die Deutsche Bundesbahn grundsätzlich nicht, ausgenommen bei Vorsatz oder grober Fahrlässigkeit.

4.2 Der Vertrag kann von beiden Teilen jederzeit mit vierteljährlicher Frist gekündigt werden. Mit Ablauf des Vertrages sind die Zeichen „DB" und „P" an den Kundensonderpaletten zu löschen.

.................................., den .... 19.......... ...., den .... 19..........

Firma .... Deutsche Bundesbahn
Bundesbahndirektion ....

(Unterschrift) (Unterschrift)

6. Kundensonderpaletten im Bahnsammelladungsverkehr (Verhältnis Spediteur — Deutsche Bundesbahn)

a) Einsatzbedingungen

Um Kundensonderpaletten im Sammelladungsverkehr nach dem Ausnahmetarif 24 B 9 einsetzen zu können, ist neben dem Einstellungsvertrag eine Zusatzvereinbarung mit der Deutschen Bundesbahn notwendig. Diese Zusatzvereinbarung wird abgeschlossen zwischen dem Einsteller und dem Versandspediteur der Sammelladung — für den Fall eines Schienennachlaufs auch dem Empfangsspediteur der Sammelladung — einerseits und der Deutschen Bundesbahn andererseits. Der Versender muß also die Verträge für feststehende Verkehrsbeziehungen abschließen. Sie gelten längstens für die Dauer des Einstellungsvertrags und können von jedem Unterzeichner mit vierteljährlicher Frist durch schriftliche Mitteilung an die übrigen Beteiligten gekündigt werden.

b) Frachtbestimmungen

L a s t l a u f

Für die Frachtberechnung und Behandlung der Kundensonderpaletten im Lastlauf gelten die Bestimmungen des § 50 Ziff. 2-7 DEGT, Teil I, Abt. B[1]).

Im Frachtbrief für die Sammelgutladung ist anzugeben:

1. in der Spalte „Inhalt": Zahl, Art, Nummer und Einsteller (z. B. „3 Kundensonderboxpaletten Nr. 6, 12, 14 der Firma X");

[1]) Vgl. auch „Kundensonderpaletten im Wagenladungsverkehr", S. 74.

2. in der Spalte „Wirkliches Rohgewicht“: das Eigengewicht der Paletten, getrennt vom Gewicht des auf den Paletten verladenen Gutes (z. B. „Eigengewicht 180 kg, Gewicht des Gutes 2000 kg“).

Ist das Gewicht der beigegebenen Kundensonderpaletten im Frachtbrief nicht angegeben, so wird die Fracht für das Gesamtgewicht einschließlich Paletten berechnet.

Für den Fall eines Schienennachlaufs im Frachtstückgutverkehr gelten die Bestimmungen des Einstellungsvertrags über die Verwendung von Kundensonderpaletten mit der Maßgabe, daß an die Stelle des Einstellers der Empfangsspediteur der Sammelladung tritt. Wegen der Einzelheiten kann auf das auf Seite 78 f. Gesagte verwiesen werden, d. h. im Schienennachlauf wird das Eigengewicht der Kundensonderpaletten zur Frachtberechnung nicht herangezogen. Hilfseinrichtungen gelten als Packmittel.

Für die gemäß dem Einstellungsvertrag der Deutschen Bundesbahn im Schienenvor- und -nachlauf übereigneten Kundensonderpaletten wird die nach Entfernung gestaffelte Behandlungsgebühr für den Stückgutverkehr berechnet.

Der Empfangsspediteur vermerkt auf dem Frachtbrief neben den sonst geforderten Angaben in Spalte „Inhalt“ Zahl und Nummer der verwendeten Paletten (z. B. „2 Kundensonderpaletten Nr. 14 und 23“). Außerdem ist im Frachtbrief auch der Name des Einstellers anzugeben.

Leerlauf

Im Frachtstückgutverkehr

Eine Leerrücksendung als Stückgut nach den Bestimmungen des § 50 DEGT ist ausgeschlossen. Werden die Paletten als Fracht- oder Eilstückgut aufgeliefert, so wird ihr volles Gewicht zur Frachtberechnung herangezogen.

Im Wagenladungsverkehr

Die Fracht wird nach den Vorschriften der für den Einsatz von Kundensonderpaletten im Sammelladungsverkehr abzuschließenden Zusatzvereinbarung gemäß § 50 Ziff. 8 f. DEGT, Teil I, Abt. B, berechnet. Es kann also auf die Ausführungen über die Rückbeförderung leerer Kundensonderpaletten in bahneigenen oder in privaten Wagen Bezug genommen werden[1]). Hiernach gilt der Grundsatz, daß für den Leerrücklauf im bahneigenen Wagen die ermäßigte Pauschalfracht von 15 DM ohne Rücksicht auf Angabe der Palettenzahl, Gewicht und Entfernung erhoben wird. Bei Verwendung eines Privatwagens wird die Leerlauffracht nach § 46 Ziff. 16 DEGT berechnet.

[1]) Vgl. S. 75 f.

Als Beiladung

Werden die leeren Kundensonderpaletten vom Empfangsspediteur als Beiladung einer Sammelladung zurückgesandt, so wird nur das halbe Mehrgewicht dem Gutgewicht zugeschlagen[1]).

Nach einem Schienennachlauf der Kundensonderpaletten im Stückgutverkehr kann der Endempfänger die leeren Paletten frachtfrei als Frachtstückgut nur an den Empfangsspediteur der Sammelladung (Absender der Schienennachlaufsendung) aufliefern. Voraussetzung hierfür ist, daß

1. die Auflieferung mit dem Begleitschein erfolgt, den der Endempfänger bei Auslieferung der beladenen Paletten auf dem Empfangsbahnhof erhalten hat,
2. die Auflieferung innerhalb von drei Monaten nach der Auslieferung der beladenen Paletten vorgenommen wird und
3. die Kundensonderpaletten bezettelt sind.

Bei der Frist von drei Monaten ist zu beachten, daß sie durch die längere Ausbleibezeit der Kundensonderpaletten im Falle eines Schienennachlaufs nicht verlängert wird. Werden die leeren Paletten nach Ablauf dieser Frist im Wagenladungsverkehr zur Rückbeförderung aufgeliefert, so wird ihr volles Gewicht der Frachtberechnung zugrunde gelegt. Nach der Tarifstelle für Paletten Gnr 1631 werden sie wie C/D-Gut behandelt.

c) Text des Zusatzvertrages für Kundensonderpaletten im Bahnsammelladungsverkehr

Zusatzvereinbarung

zwischen der Firma ....,
(Einsteller der Kundensonderpaletten)
nachstehend Firma genannt,

und der Firma ....,
(Versandspediteur der Sammelgutladung)
nachstehend Versandspediteur genannt,

und der Firma ....,
(Empfangsspediteur der Sammelgutladung)
nachstehend Empfangsspediteur genannt, einerseits

und der Deutschen Bundesbahn, vertreten durch die Bundesbahndirektion
...., andererseits
über die Verwendung von Kundensonderpaletten im Bahnsammelgutverkehr.

[1]) Vgl. auch S. 74 f.

Die von der Firma eingestellten Kundensonderpaletten können auch im Sammelladungsverkehr unter folgenden Bedingungen verwendet werden:

1. Im Frachtbrief für die Sammelgutladung ist anzugeben
   1.1 in der Spalte „Inhalt“
   Zahl, Art, Nummer und Einsteller, z. B. „3 Kundensonder-Boxpaletten Nr. 6, 12, 14 der Firma X“,
   1.2 in der Spalte „Wirkliches Rohgewicht“
   das Eigengewicht der Paletten, getrennt vom Gewicht des auf den Paletten verladenen Gutes, z. B. „Eigengewicht 180 kg, Gewicht des Gutes 2000 kg“.
2. Für die Frachtberechnung und Behandlung der Paletten im Lastlauf gelten die Bestimmungen des DEGT Teil I, Abt B, § 50 Ziff. 2—7.
3. Für den Fall eines Schienennachlaufs im Frachtstückgutverkehr gelten die Bestimmungen des Einstellungsvertrages mit der Maßgabe, daß an die Stelle des Einstellers der Empfangsspediteur der Sammelgutladung tritt. Im Frachtbrief ist neben den in Ziff. 9 des Einstellungsvertrages geforderten Angaben auch der Name des Einstellers zu vermerken.
4. Für einen Leerrücklauf gilt folgendes:
   4.1 Leere Paletten können vom Empfangsspediteur als Wagenladung gemäß § 50 Ziff. 8 f der ATV oder als Beiladung zu einer Sammelgutladung zurückgesandt werden. Im Falle der Beiladung wird *nur* für das Mehrgewicht Fracht nach § 50 Ziff. 8 f Abs. 2 der ATV erhoben. Eine Leerrücksendung als Stückgut nach den Bestimmungen des § 50 der ATV ist ausgeschlossen.
   4.2 Bei einem Schienennachlauf im Stückgutverkehr kann der Endempfänger die leeren Paletten frachtfrei als Frachtstückgut an den Empfangsspediteur der Sammelgutladung aufliefern. Hierfür gilt Ziff. 12 des Einstellungsvertrages sinngemäß.
5. Diese Zusatzvereinbarung gilt längstens für die Dauer des Einstellungsvertrages. Sie kann von jedem Unterzeichner mit vierteljährlicher Frist durch schriftliche Mitteilung an die übrigen Beteiligten gekündigt werden.

……………, den ……………	……………, den ……………	……………, den ……………
………………………… (Unterschrift des Empfangsspediteurs)	………………………… (Unterschrift des Versandspediteurs)	………………………… (Unterschrift des Einstellers)

……………………………, den ……………
Bundesbahndirektion

…………………………………
(Unterschrift)

VII. Sonderpaletten im Wagenladungsverkehr der Deutschen Bundesbahn

1. Einsatzbedingungen

Bei dieser Sonderform handelt es sich um Paletten, die wegen ihrer technischen Beschaffenheit (abweichende Maße, Gewichte, Sondereinrichtungen) von der Bahn weder als Tauschpaletten noch als Kundensonderpaletten anerkannt werden. Um auch für sie eine frachtliche Vergünstigung zu erreichen, und zwar nur für den Wagenladungsverkehr, muß im Einzelfall, d. h. für jede bestimmte Palettenform, die Genehmigung der zuständigen Bundesbahndirektion für den Einsatz der Paletten im Wagenladungsverkehr eingeholt werden. Diese Genehmigung wird bei Vorliegen der Voraussetzungen mit Zustimmung der Oberbetriebsleitung Süd in Stuttgart schriftlich erteilt. Geprüft wird in diesem Verfahren unter Vorlage einer Beschreibung oder Zeichnung unter anderem die konstruktive Beschaffenheit der Geräte. Da auch die Rücksendung nur in Wagenladungen zugelassen ist, muß außerdem gewährleistet sein, daß eine entsprechende Auslastung der Wagen erreicht wird.

Besondere Vertragsvordrucke, wie sie z. B. für Kundensonderpaletten vorhanden sind, gibt es für Sonderpaletten im Wagenladungsverkehr nicht.

2. Frachtbestimmungen

Sonderpaletten im Wagenladungsverkehr gelten als nicht der Eisenbahn gehörende Ladegeräte. Für die Frachtberechnung sind die Bestimmungen des § 50 DEGT gültig.

Lastlauf

Bei der Beförderung mit dem Gut werden die Sonderpaletten im Wagenladungsverkehr frachtfrei befördert, und zwar bis zu 10 % des wirklichen Gewichts des Gutes, für das sie verwendet werden. Für das 10 % überschreitende Gewicht der Paletten wird die Fracht wie für das Gut selbst berechnet. Zu den Paletten zählen nicht Einsätze, Vorrichtungen und dergleichen, die zur besseren Unterbringung auf oder in den Paletten oder zum Schutz des Gutes dienen. Diese Hilfsmittel gelten als Packmittel.

Der Absender hat im Frachtbrief in der Spalte „Inhalt“ die Paletten als „Sonderpaletten im Wagenladungsverkehr“ zu bezeichnen und in der Spalte „Wirkliches Rohgewicht“ ihr Gewicht getrennt vom Gewicht des Gutes anzugeben. Ist das Gewicht der Sonderpaletten im Wagenladungsverkehr im

Frachtbrief nicht getrennt angegeben, so wird die Fracht für das Gesamtgewicht wie für das Gut berechnet. Die Tragfähigkeit (Lastgrenze der Wagen) darf mit Einrechnung des Gewichts der Sonderpaletten nicht überschritten werden. Es besteht die Möglichkeit, dem Frachtbrief für das Gut, für das die Sonderpaletten im Wagenladungsverkehr verwendet werden, den für die Rück- und Weitersendung der Sonderpaletten bestimmten Frachtbrief beizugeben. Die Bahn haftet nicht für die Folgen, die aus dem Verlust des Frachtbriefes und der nicht ordnungsgemäßen Ausführung des Auftrags entstehen.

Leerlauf

Sonderpaletten im Wagenladungsverkehr dürfen nur in gewichtsmäßig oder räumlich gut ausgenutzten Wagenladungen zurückgesandt werden. Erfolgt die Auflieferung mit Zustimmung der Bahn innerhalb von drei Monaten nach Ankunft in beladenem Zustand leer als Wagenladung, so wird bei Verwendung eines bahneigenen Wagens eine ermäßigte Fracht von 15 DM (§ 50 Ziff. 8 f DEGT) und bei Verwendung eines Privatwagens Leerlauffracht berechnet (§ 46 Ziff. 16 DEGT).

Bei der Auflieferung ist der Frachtbrief über die Sendung, bei der die Sonderpaletten im Wagenladungsverkehr verwendet worden sind, vorzulegen. Der Absender hat in den Frachtbrief einzutragen:

1. in die Spalte „Buchst. (zehn) u. Nr.“: den Namen des Eigentümers;
2. in die Spalte „Inhalt“: Sonderpaletten im Wagenladungsverkehr

   und darunter den Vermerk: „Die Ladegeräte sind für eine Sendung von .... (Absender) in .... an .... (Empfänger) in .... verwendet worden.“
3. in die Spalte „Wirkliches Rohgewicht“: das Gewicht der Ladung.

Bei der Hinsendung der Sonderpaletten im Wagenladungsverkehr nach dem Versandbahnhof des Gutes, für das sie verwendet werden sollen, ist im Frachtbrief zu vermerken: „Für die von . . . . (Absender) in . . . . an . . . . (Empfänger) in . . . . aufzuliefernde Sendung von mindestens . . . . kg bestimmt.“

Ein Rücktransport im Stückgutverkehr ist nicht möglich.

VIII. Sonstige private Paletten bei der Deutschen Bundesbahn

Diese Hubunterlagen (Paletten) werden von der Deutschen Bundesbahn nicht als Paletten anerkannt[1]).

Lastlauf

Die Paletten werden wie das Gut selbst behandelt. Gemäß § 2 Abs. 2 DEGT erfolgt Bruttotarifierung. Das Gewicht der Palette wird also dem Gewicht des Gutes hinzugerechnet.

Leerlauf

Auch im Leerlauf werden die sonstigen privaten Paletten wie Packmittel behandelt.

---

[1]) Vgl. S. 20.

IX. Gewerbeeigene Paletten, Kundensonderpaletten und sonstige private Paletten im gewerblichen Güterfernverkehr

1. Gewerbeeigene Paletten im gewerblichen Güterfernverkehr

a) Gewerbeeigene Paletten im Stückgutverkehr

Soweit die AGF die angemeldeten Paletten als gewerbeeigene Paletten[1]) anerkennt, empfiehlt sie mit Rundschreiben vom 21. 1. 1957[2]) den Kraftwagenspediteuren und Fernverkehrsunternehmern, Vereinbarungen unter Anlehnung an die Bestimmungen der Deutschen Bundesbahn zu treffen. Hiernach ergibt sich folgende Vereinbarungsmöglichkeit:

Lastlauf

Das Eigengewicht der gewerbeeigenen Paletten bleibt bei der Frachtberechnung unberücksichtigt. Jedoch soll je beladene Palette mindestens Fracht für 200 kg berechnet werden. Beim Lastlauf ist das Eigengewicht der Paletten im Frachtbrief getrennt anzugeben.

Leerlauf

Es bleibt die Möglichkeit offen, besondere Absprachen über die Höhe der Fracht zu treffen.

Eine Frachtzahlung kann z. B. ganz entfallen, wenn der Spediteur bzw. Unternehmer seine eigenen leeren Paletten selbst zurückbefördert. Liegt dieser Fall vor, so ist ein besonderer Frachtbrief nicht erforderlich. Es genügen dann die entsprechenden Vermerke im Fahrtenbuch[3]).

Befördert jedoch ein Unternehmer oder Spediteur Paletten eines anderen Unternehmers bzw. Kraftwagenspediteurs, so muß für den Leerlauf ein Frachtbrief ausgestellt werden. Dies gilt auch dann, wenn die Beförderung frachtfrei erfolgt. Der Frachtbrief sollte hier den Vermerk „Dienstgut-Sendung“ enthalten und außerdem den Hinweis „Paletten des Unternehmens .... in ....“ tragen.

b) Gewerbeeigene Paletten im Ladungsverkehr

Für diese Beförderungsart wird von der AGF die entsprechende Anwendung der Ziff. 18 RKT als Möglichkeit für die Frachtberechnung vorgeschlagen.

---

[1]) Vgl. „Einteilung der Paletten im gewerblichen Güterfernverkehr“, S. 20.

[2]) AGF Rundschreiben III/A/B/8/Ku vom 21. 1. 1957.

[3]) AGF Rundschreiben III/A/B/8/Ku vom 21. 1. 1957.

Lastlauf

Bei der Versendung in beladenem Zustand können die gewerbeeigenen Paletten bis zu 10 % des wirklichen Gewichtes des Gutes, für das sie verwendet werden, frachtfrei befördert werden, wenn der Absender im Frachtbrief in der Spalte „Inhalt" die Paletten nach ihrer Art mit dem Zusatz „gewerbeeigene Paletten" bezeichnet und in der Spalte „Wirkliches Rohgewicht" ihr Gewicht, getrennt von dem Gewicht des Gutes, angibt. Beträgt das Gewicht der gewerbeeigenen Paletten mehr als 10 % des wirklichen Gewichtes des Gutes, für das sie verwendet werden, so kann das Mehrgewicht dem Gewicht des Gutes — im Falle der Verwendung für verschieden tarifierte Güter dem Gewicht des höchsttarifierten Gutes — zugeschlagen und die Fracht für das gesamte Gewicht wie für das Gut selbst berechnet werden. Ist das wirkliche Gewicht des Gutes, für das die gewerbeeigenen Paletten verwendet werden, niedriger als das der Frachtberechnung zugrunde zu legende Gewicht, so kann der frachtpflichtige Teil des Gewichtes der Paletten darauf angerechnet werden.

Leerlauf

Gewerbeeigene Paletten ohne Gut können bei der Rücksendung zum Versandort des Gutes grundsätzlich frachtfrei befördert werden. Sie können innerhalb des Gewerbes zwischen Unternehmern und/oder Spediteuren als Dienstgut abgefertigt werden. Hierbei kann der Unternehmer auch, soweit ihm nicht ein ausreichender Nutzen aus dem Lastlauf der Paletten zufloß, für die interne Dienstgutbeförderung eine Vergütung vereinbaren. Die AGF hält in diesem Zusammenhang[1]) für Flachpaletten und zusammenlegbare Boxpaletten eine Vergütung nach Klasse F 15 nach dem wirklichen Gewicht für angemessen. Abweichende Vereinbarungen bleiben darüber hinaus möglich.

c) Miete für gewerbeeigene Paletten

Soweit der Kraftwagenunternehmer oder Spediteur seinen Kunden gewerbeeigene Paletten zur Beladung zur Verfügung stellt, richtet sich die Frage, ob hierfür eine Miete erhoben werden kann oder soll und in welcher Höhe, nach den Umständen des Einzelfalles.

Im Güterfernverkehr wird man meist davon ausgehen können, daß der Kraftwagenspediteur oder -unternehmer seine Paletten dem Kunden im eigenen Interesse zur Verfügung stellt, z. B. um seinen Umschlag zu rationalisieren. Da hier das Interesse des Kraftwagenspediteurs bzw. Kraftwagenunternehmers überwiegt, bleibt normalerweise kein Raum für die Berechnung einer Miete. Hat der Kraftwagenspediteur- oder Fernverkehrsunternehmer

[1]) AGF Rundschreiben III/A/B/8/Kl vom 16. 6. 1954.

die Paletten jedoch ausschließlich auf Wunsch seiner Kunden beschafft, so erscheint die Erhebung einer Miete in angemessener Höhe vertretbar und notwendig. Voraussetzung hierfür ist jedoch, daß eine derartige Abmachung bei der Überlassung der gewerbeeigenen Paletten ausdrücklich oder stillschweigend getroffen wurde.

d) Verzögerungsgebühr für gewerbeeigene Paletten

Ebenso wie bei der Bahn, die für leihweise überlassene Paletten eine Verzögerungsgebühr von 1 DM erhebt, wenn diese nicht binnen 24 Stunden nach Übergabe beladen oder leer zurückgegeben werden, können auch die Kraftwagenspediteure oder -unternehmer eine angemessene Verzögerungsgebühr vertraglich mit dem Kunden bzw. Empfänger vereinbaren. Fehlt jedoch eine Vereinbarung über die Rückgabefrist, so fällt eine Verzögerungsgebühr grundsätzlich nicht an.

Die ASp hat zur Erleichterung des zwischenbetrieblichen Behälterverkehrs einen Formularsatz entwickelt, der die Rückgabe und Rückführung der Behälter kontrollieren soll. Diese Behälter-Behandlungsanweisung (BBA) sieht auch Vereinbarungen über Verzögerungsgebühren im Falle verspäteter Rückgabe der Behälter vor. Das Formblatt könnte nach geringfügigen Umänderungen, z. B. im Hinblick auf die Höhe der Verzögerungsgebühr, ebenfalls für den Palettenverkehr Verwendung finden.

2. Kundensonderpaletten im gewerblichen Güterfernverkehr

Auch für die Kundensonderpaletten weist die AGF im wesentlichen auf die Möglichkeit hin, sich in Ermangelung bestehender Vorschriften an die von der Deutschen Bundesbahn aufgestellten Bedingungen durch eine entsprechende Vereinbarung mit dem Kunden anzulehnen. In diesem Falle ergibt sich folgende Regelung.

a) Kundensonderpaletten im Stückgutverkehr

Lastlauf

Das Eigengewicht der Kundensonderpaletten bleibt bei der Frachtberechnung außer Ansatz. Mindestens sollte jedoch je beladene Palette Fracht für 200 kg berechnet werden. Hilfseinrichtungen, die der besseren Unterbringung des Gutes auf oder in der Palette oder dem Schutz des Gutes dienen, zählen nicht zur Palette. Sie gelten als Packmittel und werden dem Gewicht des Gutes hinzugerechnet.

Außerdem kann für jede Kundensonderpalette bei der Auflieferung im Lastlauf wie bei der Bahn eine Behandlungsgebühr in folgender Höhe erhoben werden:

Auf eine Entfernung von	Flachpaletten 800 × 1200 mm oder 1000 × 1200 mm DM	Andere Maße DM	Boxpaletten 800 × 1200 mm oder 1000 × 1200 mm DM	Andere Maße DM
1 — 199 km	1,—	1,50	1,50	2,—
200 — 399 km	2,—	2,50	2,50	3,—
400 und mehr km	3,—	3,50	3,50	4,—

Die Eintragungen im Frachtbrief sollen ähnlich wie bei der Bundesbahn erfolgen[1]).

Leerlauf

Der Rücktransport der Kundensonderpaletten kann im Stückgutverkehr frachtfrei geschehen, da er bereits durch die Entrichtung der Behandlungsgebühr als bezahlt anzusehen ist. Dies gilt jedoch nur dann, wenn auch der Lastlauf durch den gleichen Unternehmer oder Kraftwagenspediteur erfolgt und der Kunde dies nachweist.

Soll dagegen der Rücktransport durch einen anderen Unternehmer oder Spediteur durchgeführt werden, so ist es zweckmäßig, die Behandlungsgebühr nicht beim Lastlauf, sondern erst beim Leerlauf zu erheben.

Daneben können je nach den Besonderheiten der gegebenen Verhältnisse abweichende Vereinbarungen getroffen werden.

b) Kundensonderpaletten im Ladungsverkehr

In diesem Zusammenhang weist die AGF[2]) auf folgende Möglichkeit hin:

Lastlauf

Die Frachtberechnung für beladene Kundensonderpaletten kann gemäß Ziff. 18 RKT erfolgen, d. h. unter Zugrundelegung der dort vorgesehenen 10 %-Klausel[3]).

Die Kundensonderpaletten werden am Bestimmungsort dem Empfänger mit dem Gut ausgeliefert. Dem Frachtbrief für das Gut, das auf den Kundensonderpaletten versandt wird, darf der für die Rücksendung der Kundensonderpaletten bestimmte Frachtbrief beigegeben werden. Der Unternehmer bzw. Kraftwagenspediteur haftet nicht für die Folgen, die aus dem Verlust des Frachtbriefes und der nicht ordnungsgemäßen Ausführung des Auftrages entstehen.

---

[1]) Vgl. S. 72.

[2]) „Behälter-Ring“-Rundschreiben vom 10. 2. 1957.

[3]) Vgl. S. 88.

Leerlauf

Bei vereinbarter Anwendung von Ziff. 18 Abs. 3 RKT werden die Kundensonderpaletten ohne Gut bei der Rücksendung nach dem Versandort des Gutes frachtfrei befördert. Ein Anspruch auf frachtfreie Rückbeförderung vor Ablauf eines Zeitraumes von vier Wochen nach Ankunft besteht nicht. Wird die Rückbeförderung innerhalb von vier Wochen oder nach Ablauf von drei Monaten nach Ankunft beansprucht, so ist die Fracht für gebrauchte Packmittel, d. h. für das halbe wirkliche Gewicht, zu berechnen.

Auch kann, wie die AGF (Rundschreiben der AGF vom 21. 1. 1957) ausführt, Vergütung nach Klasse F 15 zum jeweiligen Gewicht oder nach der Tarifstelle „Packmittel" 1630 Packmittelfracht ausbedungen werden[1]. Dabei wird es vor allem darauf ankommen, in welchem Maße der Unternehmer am Lastlauf beteiligt war und ob ihm zugemutet werden kann, das Leergut frachtfrei oder für eine Vergütung nach Klasse F 15 zu befördern.

c) Miete und Verzögerungsgebühr für Kundensonderpaletten

Da es sich um Paletten der Kunden handelt, scheidet eine Vermietung seitens des Kraftwagenspediteurs oder -unternehmers aus.

Eine Verzögerung der Rückgabe könnte eventuell beim Empfänger der beladenen Kundensonderpaletten eintreten. Dies ist jedoch ein Vorgang, der den Kraftwagenunternehmer oder -spediteur nicht mehr berührt, sondern den Eigentümer der Paletten. Er müßte dem Empfänger einen Termin für die Rückgabe setzen sowie die Höhe einer Verzögerungsgebühr ausdrücklich festlegen.

3. Frachtmäßige Behandlung von gewerbeeigenen Paletten und Kundensonderpaletten beim Fehlen einer besonderen Vereinbarung

Häufig bereiten die Fälle Schwierigkeiten, in denen vor der Ausführung des Speditions- bzw. Frachtvertrages eine Vereinbarung über die frachtmäßige Behandlung der Paletten versäumt wurde und die Beteiligten den von der AGF aufgezeigten Weg auch nicht stillschweigend akzeptiert haben. Hier kann, wenn eine nachträgliche Einigung nicht möglich ist, nur versucht werden, anhand der allgemeinen gesetzlichen Vorschriften und unter gebührender Berücksichtigung der Interessenlage einen gangbaren und gerechten Weg zu finden. Dabei ist von dem in den §§ 354 HGB, 22 GüKG und 9 KVO zum Ausdruck gebrachten Satz auszugehen, wonach eine Beförderung sowohl im Lastlauf als auch im Leerlauf grundsätzlich nicht unentgeltlich erfolgt.

Dieses Prinzip wird insbesondere dort zu gelten haben, wo der Kraftwagenspediteur oder -unternehmer fremde leere Paletten — gleichgültig, ob ge-

[1] RKT, Teil II, gültig ab 1. 1. 1963, S. 174 f. (vgl. Anhang).

werbeeigene oder Kundensonderpaletten — befördert, *ohne daß er vorher oder im Anschluß hieran auch den Lastlauf ausgeführt oder auszuführen hat.* Hier wird man in Anlehnung an die Handhabung bei der Bahn von einer frachtmäßigen Begünstigung der Palette absehen müssen, da die leeren Paletten ohne Zusammenhang mit einem Lastlauf wie ein Gut eigener Art erscheinen. Im Stückgutverkehr kann die Fracht gemäß Ziff. 2 RKT für das volle Eigengewicht der Paletten berechnet werden. Im Ladungsverkehr kann für den Leerlauf die Tarifstelle „Paletten" (Gnr 1631/1638)[1]) herangezogen werden, d. h. die Paletten werden wie C/D-Gut abgerechnet.

Unklarheiten können sich jedoch dann hinsichtlich der frachtmäßigen Behandlung der Paletten ergeben, wenn der Spediteur oder Kraftwagenunternehmer *sowohl den Lastlauf als auch den Leerlauf durchführt.* Für gewerbeeigene Paletten ist vorab zu sagen, daß sie sowohl beim Lastlauf als auch beim Leerlauf im Stückgut- und Ladungsverkehr frachtfrei bleiben können, sofern sie dem ausführenden Spediteur oder Unternehmer selbst gehören und er sie im eigenen Interesse eingesetzt hat. Dies wird z. B. häufig der Fall sein, um das Be- und Entladen zu beschleunigen und wenn die durch die Paletten verursachte Totlast im Verhältnis zum Gewicht des Gutes unbedeutend ist. Hier können die Paletten ähnlich den Dienstgutsendungen bei der Deutschen Bundesbahn als eigene Geräte des Transportführers bei der Frachtberechnung unberücksichtigt bleiben.

Anders ist der Fall jedoch dann zu beurteilen, wenn die gewerbeeigenen Paletten lediglich oder überwiegend im Interesse des Kunden zur Verfügung gestellt werden. Hier besteht die Möglichkeit, für diese Leistung ein entsprechendes Entgelt eventuell in Form einer angemessenen Miete zu erheben.

Sofern die Paletten *durch einen Dritten* (fremden Kraftwagenunternehmer oder Spediteur) sowohl im Lastlauf als auch im Leerlauf befördert werden, hängt die Frage, ob hierfür ein Entgelt zu zahlen ist, im wesentlichen davon ab, wem der Vorteil der Palettenverwendung überwiegend zugeflossen ist. Dabei spielen z. B. die Vorteile des schnelleren Be- und Entladens und der damit verbundenen kürzeren Standzeiten ebenso eine Rolle wie die Frage, ob durch die Palettenverwendung die Totlast stark erhöht wurde. Selbst wenn z. B. die Kundensonderpaletten insbesondere aus Gründen der innerbetrieblichen Transport- und Lagerrationalisierung beim Kunden zum Einsatz gelangen, bleibt abzuwägen, wem, bezogen auf den konkreten Transportvorgang, der Hauptvorteil der Palettenverwendung zugeflossen ist.

Nur in den Fällen, in denen der Nachteil des durch die Paletten verursachten Raumverlustes durch die bereits beispielhaft aufgezeigten Vorteile der Palettenverwendung wettgemacht wird, kann es vertretbar sein, im Lastlauf entweder von einer Frachtberechnung für das Gewicht der Paletten abzusehen oder eine ermäßigte Fracht zu erheben. Dabei wird man jeden-

---

[1]) RKT, Teil II, gültig ab 1. 1. 1963, S. 176 f. (vgl. Anhang).

falls für gewerbeeigene Paletten im *Stückgutverkehr* unterstellen können, daß sie bei entsprechender Auslastung den Transport rationell gestalten und damit auch dem ausführenden Spediteur oder Unternehmer wesentliche Vorteile bringen. Dasselbe gilt im Prinzip auch für Kundensonderpaletten, sofern sie sich nicht durch besondere Abmessungen, Gewicht und Sperrigkeit (nicht zusammenlegbare Boxpaletten) für den Lkw-Transport als ungeeignet erweisen.

Im Leerlauf ist für die gewerbeeigenen Paletten und Kundensonderpaletten grundsätzlich eine angemessene Fracht zu erheben, da es sich hierbei um eine besondere zusätzliche Leistung handelt.

Bezüglich der Höhe der Fracht ist allerdings auch hier wieder auf die Umstände des Einzelfalles abzustellen. Insbesondere sind die Vorteile der Palettenverwendung im Lastlauf gebührend zu berücksichtigen. Dabei wird man als Höchstfracht für die Paletten die Packmittelfracht ansehen können, da es kaum gerechtfertigt sein dürfte, die Paletten ungünstiger als gebrauchte Packmittel zu behandeln.

Im *Ladungsverkehr* können die gleichen Grundsätze für die Festsetzung der Höhe der Fracht herangezogen werden, wie sie bereits für den Stückgutverkehr aufgezeigt wurden.

Im Lastlauf wird man beim Vorliegen der oben dargelegten positiven Voraussetzungen weiterhin für eine frachtfreie Beförderung der gewerbeeigenen und Kundensonderpaletten voraussetzen müssen, daß ihr Eigengewicht geringer ist als 10 % des darauf verladenen Gutes. Dies erscheint in Anlehnung an § 50 DEGT und Ziff. 18 RKT gerechtfertigt.

Auch für den Leertransport der gewerbeeigenen Paletten und Kundensonderpaletten im Ladungsverkehr ist mangels einer anderslautenden Vereinbarung grundsätzlich ein angemessenes Frachtentgelt zu erheben.

Die Höhe der Fracht wird sich wieder nach den Selbstkosten unter Berücksichtigung der näheren Umstände des Lastlaufes zu richten haben.

Das von der Deutschen Bundesbahn gemäß § 50 DEGT für den Rücktransport leerer Kundensonderpaletten erhobene Entgelt von 15 DM für den Waggon erscheint in vielen Fällen zu gering, da es für den Güterfernverkehr kaum kostendeckend sein dürfte. Dies gilt vor allem, wenn nicht zusammenlegbare Boxpaletten oder sonstige sperrige Sonderformen leer befördert werden sollen. Hier kann eine der Packmittelfracht angenäherte Fracht angemessen sein.

Andererseits sind auch Fälle denkbar, in denen der Rücktransport von Paletten die Erhebung einer besonderen Fracht nicht erfordert; so kann z. B. der Kunde dem Kraftwagenunternehmer oder Spediteur gestatten, die leeren Paletten auf dem Rückweg mit fremdem Gut wieder zu beladen. Hier kann der Vorteil, fremde Ladegeräte verwenden zu können, den Nachteil der Rückbeförderung kompensieren.

4. Sonstige private Paletten im gewerblichen Güterfernverkehr

Wie bereits aufgezeigt, handelt es sich bei den sonstigen privaten Paletten im Güterfernverkehr um Kundenpaletten, die nicht bei der AGF angemeldet sind. In ihrer technischen Ausgestaltung weichen sie in den meisten Fällen stark von den bereits behandelten gewerbeeigenen Paletten und Kundensonderpaletten ab. So hat die AGF bei der Anmeldung solcher Geräte, z. B. nicht zusammenlegbarer Boxpaletten, die Kunden darauf hingewiesen, daß den Kraftwagenunternehmern und -spediteuren die frachtfreie Beförderung nicht zugemutet werden könne. Das gleiche dürfte auch für sonstige Sonderformen gelten, z. B. Paletten mit besonders ungünstigen Abmessungen, die für den Einsatz im Kraftwagenverkehr wenig geeignet sind und deren Umschlag besondere Probleme aufwirft. Wurde über die frachtmäßige Behandlung der Paletten keine entsprechende Abmachung getroffen, so gilt folgendes.

a) Sonstige private Paletten im Stückgutverkehr

L a s t l a u f

Gemäß Ziff. 2 RKT rechnet als frachtpflichtiges Gewicht das Gewicht der Sendung. Da die sonstigen privaten Paletten tarifarisch nicht als Paletten anzuerkennen sind, werden sie im beladenen Zustand grundsätzlich wie das Gut selbst behandelt.

Ausnahmen von diesem Prinzip dürften nur dann vertretbar sein, wenn die Paletten für den Lkw-Transport und den Umschlag günstige Voraussetzungen bieten.

L e e r l a u f

Ähnlich wie bei der Deutschen Bundesbahn kann auch hier, wenn es sich um den Leerlauf ungünstiger Palettenformen handelt, u. U. eine Zugrundelegung des vollen Gewichts der Paletten für die Frachtberechnung notwendig sein. Allerdings erscheint eine solche Behandlung nur in besonders gelagerten Fällen berechtigt, da für eine schlechtere Behandlung, als sie für Packmittel vorgeschrieben ist, nur selten ein triftiger Grund vorliegen dürfte. In den Fällen, in denen der den Leerlauf übernehmende Kraftwagenunternehmer oder -spediteur auch den Lastlauf durchgeführt hat, kann daher die Fracht für gebrauchte Packmittel als Maximale angesehen werden. Wird dem Kraftwagenunternehmer oder -spediteur hingegen nur der Leerlauf übertragen, so kann er der Frachtberechnung das volle Eigengewicht zugrunde legen.

b) Sonstige private Paletten im Ladungsverkehr

Bei der Bahn werden die sonstigen privaten Paletten im Wagenladungsverkehr sowohl im Lastlauf als auch im Leerlauf gemäß einer Anmerkung in § 50 DEGT wie Ladegeräte tarifiert. Eine gleichlautende Anmerkung existiert jedoch für Ziff. 18 RKT nicht, so daß sich eine entsprechende Behandlung aus dem Reichskraftwagentarif nicht herleiten läßt. Es muß daher dem Grundsatz nach wieder von den Vorschriften der §§ 22 Abs. 2 GüKG, 9 KVO und 354 HGB ausgegangen werden, wonach derjenige, der in Ausübung seines Handelsgewerbes einem anderen Geschäfte besorgt oder Dienste leistet, dafür auch ohne Verabredung Provision nach den ortsüblichen Sätzen verlangen kann und, da es sich um eine Leistung im Güterfernverkehr handelt, auch verlangen muß.

Lastlauf

Die Höhe der Fracht für die sonstigen privaten Paletten im Ladungsverkehr hängt mangels einer einschlägigen Tarifbestimmung auch hier wieder vom Umfang der erbrachten Leistung ab. Handelt es sich ausnahmsweise um Holzflachpaletten, die in ihrer technischen Beschaffenheit den gewerbeeigenen oder den Kundensonderpaletten 800 × 1200 mm oder 1000 × 1200 mm weitgehend gleich sind, so erscheint eine frachtfreie Beförderung der Paletten möglich, wenn außerdem die Auslastung günstig ist und der Umschlag durch den Paletteneinsatz erleichtert wird. Sofern jedoch die Paletten — wie in den häufigsten Fällen — Spezialgeräte sind, die sich für den Lkw-Transport wenig eignen, weil sie eine entsprechende Auslastung des Lkw verhindern oder besondere Einrichtungen beim Transport oder Umschlag erfordern, so kann das volle Eigengewicht der Paletten bei der Frachtberechnung einbezogen werden. In der Praxis dürfte diese letztere Berechnungsweise den Umständen am ehestens gerecht werden.

Leerlauf

Für den Leerlauf von sonstigen privaten Paletten können die gleichen Grundsätze herangezogen werden, wie sie bereits bei der Berechnung der Fracht für leere Kundensonderpaletten behandelt wurden[1]). Als angemessene Fracht kann auch hier die Fracht für gebrauchte Packmittel angesehen werden, jedoch nur dann, wenn der Leerlauf in Verbindung mit einem Lastlauf steht. Ist dies nicht der Fall, so werden die leeren sonstigen privaten Paletten gemäß Tarifstelle „Paletten“ Gnr 1631 und 1638 des RKT wie C/D-Gut tarifiert.

c) Miete und Verzögerungsgebühr für sonstige private Paletten

Da es sich bei diesen Paletten um Geräte des Kunden handelt, eine Vermietung seitens des Kraftwagenunternehmers oder -spediteurs also ausscheidet, kann ein Mietzins nicht erhoben werden. Eine Verzögerungsgebühr kann nur durch den Eigentümer der Paletten gefordert werden, nachdem dieser vorher dem Kunden eine Rückgabefrist gesetzt hat. Dies berührt jedoch den Spediteur oder Unternehmer nicht unmittelbar.

[1]) Vgl. S. 91.

X. Versand von fabrikneuen Paletten bei der Deutschen Bundesbahn und im gewerblichen Güterfernverkehr

Fabrikneue Paletten, die als Ware eigener Art aufgeliefert werden, z. B. zum Versand vom Hersteller zum Käufer, gehören als Gut der Wagenladungsklasse C/D unter die Tarifstellen Gnr 1631[1]) DEGT/RKT und 1638 RKT für „Paletten". Darunter fallen weiterhin die Paletten, die an ein Reparaturwerk aufgeliefert werden. Diese Tarifstellen sind auch maßgebend für nicht fabrikneue Paletten, die im Lastlauf mit einem anderen Verkehrsträger befördert wurden und der Bahn oder dem Güterfernverkehr auf der Straße zum Leer-Rücktransport im Wagenladungsverkehr übergeben werden.

Um zu verhindern, daß als Stückgut aufgelieferte leere Paletten während der Eisenbahnbeförderung in Verlust geraten, ist es nach eingehenden Feststellungen der Deutschen Bundesbahn unerläßlich, bei der Verpackung und Bezeichnung der Paletten folgendes zu beachten:

1. Die Paletten müssen deutlich und haltbar bezettelt werden. An jedem Einzelstück sind mehrere Bezeichnungen anzubringen.
2. Bei Flachpaletten ist eine Bezettelung auch auf der Ladefläche zu befestigen.
3. Werden mehrere Flachpaletten aufgeliefert, so sind sie mit Draht oder Stahlband zu größeren Einheiten zusammenzufassen.
4. Box- und Gitterboxpaletten sind oben kreuzweise zu überschnüren und daran zu bezeichnen.

Im übrigen empfiehlt es sich, die Palette mit Packpapier ganz oder teilweise zu umhüllen bzw. zu überspannen, damit sie als Beförderungsmittel erkannt wird[2]).

---

[1]) Im DEGT, Fassung vom 1. 8. 1964: Gnr 3808/3809.

[2]) Deutsche Verkehrs-Zeitung Nr. 102/1963, S. 4.

XI. Paletten im Spediteursammelgutverkehr (Verhältnis Versender — Spediteur)

1. Frachtbestimmungen

Während in den bisherigen Kapiteln über den Sammelladungsverkehr lediglich die Bestimmungen für das Vertragsverhältnis Bahn und Güterfernverkehr zum Spediteur behandelt wurden, soll im folgenden auf die Tarifvorschriften eingegangen werden, die in den Fällen gelten, in denen das palettierte Gut einem Spediteur (Speditionsvertrag) zur Beförderung im Sammelladungsverkehr übergeben wird. Bestimmungen hierüber enthält die Verordnung PR Nr. 4/63 über Vergütungen im Spediteursammelgutverkehr mit Eisenbahn und Kraftwagen vom 12. 6. 1963 (Kundensatzverordnung 1963)[1].

Gemäß § 5 dieser Verordnung sind angefangene Kilogramm als volle Kilogramm zu rechnen. Beträgt das Gewicht einer Sendung mehr als 1000 kg, so ist es jeweils auf volle 100 kg aufzurunden. In das Tarifgewicht der Sendung wird das Eigengewicht der Paletten grundsätzlich mit einbezogen (Bruttotarifierung). Vor der Aufrundung kann jedoch vom Gewicht der Sendung das Eigengewicht der Paletten unter Beachtung der Vorschriften über die Mindestgewichte dann abgesetzt werden, wenn der Spediteur an den Frachtführer hierfür selbst keine anteilige Fracht zu zahlen hat. Es gelten außerdem für sperrige und unhandliche Güter bei der Beförderung mit der Bahn die Bestimmungen des DEGT, bei Beförderung mit dem Kraftwagen die Bestimmungen des RKT entsprechend.

Eine Rückbeförderung leerer Paletten im Sammelladungsverkehr kommt nur verhältnismäßig selten in Frage, da die Paletten entweder getauscht (Austauschpaletten) oder wieder beladen in den Verkehr gebracht werden. Im Falle einer leeren Rückbeförderung wird das halbe Gewicht der Frachtberechnung zugrunde gelegt, vorausgesetzt, daß der gleiche Spediteur auch mit dem Volltransport beauftragt war.

2. Miete

Soweit einem Kunden spediteureigene Paletten für die Beförderung im Sammelladungsverkehr zur Verfügung gestellt werden und ein Austausch nicht erfolgt, ist gemäß § 3 PR Nr. 4/63 für deren Überlassung eine Benutzungsgebühr zu erheben, die neben dem Kundensatz gesondert und getrennt in Rechnung zu stellen ist.

---

[1]) Arbeitsgemeinschaft Spedition und Lagerei e. V., Bonn, Moltkestraße 5a.

XII. Paletten im Luftfrachtverkehr

Von der IATA wurden 1963 die Resolutionen 520 und 521 in Kraft gesetzt, welche die Verwendung von Paletten im Luftfrachtverkehr regeln.

Mit der Resolution 520 ist ein „Container Board" eingesetzt worden, das die Aufgabe hat, alle Paletten zu registrieren und — soweit sie nicht Eigentum von IATA-Mitgliedern sind — zum Verkehr nach den Bestimmungen der Resolution 521 zuzulassen. Die Deutsche Lufthansa ist Mitglied dieses Gremiums, das inzwischen seine Tätigkeit aufgenommen hat.

Nach der Resolution 521 ist der Verkehr mit Paletten wie folgt geregelt.

1. Paletten der Mitglieder des Internationalen Luftverkehrsverbandes (IATA)

Diese Ladehilfsmittel können von IATA-Mitgliedern an Verlader vermietet werden, und zwar ohne Berechnung einer Gebühr und des Taragewichtes, wenn die auf oder in diesen Hilfsmitteln verladenen Güter auch ohne Paletten befördert werden können.

Die unentgeltliche Bereitstellung von Paletten setzt also voraus, daß das Verladegeschäft durch deren Benutzung vereinfacht wird.

Werden Paletten einem Verlader überlassen, um dadurch das übliche Verpackungsmaterial einzusparen, so ist die Luftverkehrsgesellschaft verpflichtet, für die Überlassung des Hilfsmittels eine Gebühr zu erheben und gleichzeitig das Gewicht der Palette bei der Berechnung der Fracht zu berücksichtigen.

2. Paletten der Verlader

Paletten im Eigentum von Verladern unterliegen einer besonderen Regelung, soweit sie gemäß Resolution 520 durch das Container Board zum Verkehr zugelassen und registriert sind. Bei Verwendung zugelassener Paletten gewähren die IATA-Gesellschaften dem Verlader einen Nachlaß von 10 % der Luftfrachtkosten, jedoch nicht mehr als die für das Eigengewicht des Ladehilfsmittels in Ansatz zu bringende Fracht.

Anträge auf Registrierung von Paletten können der IATA jederzeit vorgelegt, müssen jedoch über ein IATA-Mitglied geleitet werden. Das Container Board hat ein Antragsformular ausgearbeitet, das auf Seite 99 bis 101 wiedergegeben ist. Sämtliche Anträge auf Registrierung und Zulassung von Paletten werden unmittelbar nach Eingang bei der IATA allen Mitgliedern des Container Board zugeleitet, die dann innerhalb von 30 Tagen Einwendungen erheben können. Gehen während dieser Frist keine Einwendungen bei dem IATA-Sekretariat in Montreal 3 (Kanada), University Street 1060, ein, so gilt der Antrag als genehmigt. Im anderen Falle erfolgt mündliche Verhandlung über einen beanstandeten Antrag auf der nächsten Sitzung des Container Board. Die Sitzungen des Container Board werden voraussichtlich vierteljährlich abgehalten.

INTERNATIONAL AIR TRANSPORT ASSOCIATION

Terminal Centre Building, 1060, University Street, Montreal 3, Que., Canada

Reg. No.…………
(For IATA use only)

APPLICATION FORM FOR REGISTRATION OF UNIT LOAD DEVICE

(A separate application is required from each user and for each different type of unit load device and all questions to be answered fully)

(Two clear typewritten copies to be submitted to the Traffic Director, I.A.T.A., Montreal).

All units of measurement, weight and volume or combinations thereof, to be expressed in the metric or avoirdupois systems, according to the national standards of the country of the applicant.

1. Container ☐ Pallet ☐ Applicant……………………………………

2. Applicability

(a) Indicate commodities to be carried in unit load device……………………………………

……………………………………

(b) Indicate whether unit load device takes place of packing normally used, or is designed solely to unitise individual packages

……………………………………

(c) Indicate minimum number of individual packages that will be carried in unit load device……………………

(d) Indicate extent to which unit load device will improve overall physical handling……………………

……………………………………

(e) Indicate other forms of transport that will accept unit load device

Truck ☐ Train ☐ Boat ☐

(f) Indicate extent to which unit load device will develop additional tonnage……………………

……………………………………

(g) Indicate route(s) unit load device will be used……………………

……………………………………

3. Size

(a) Indicate overall external length, width and height, including any securing fittings attached thereto.

……………………cms. ……………………inches
(nearest $\frac{1}{10}$ cm.) (nearest $\frac{1}{8}$ inch)

(b) Indicate internal length, width and height.

……………………cms. ……………………inches
(nearest $\frac{1}{10}$ cm.) (nearest $\frac{1}{8}$ inch)

4. Cubic Capacity

(a) External cube……………………cu. m. ……………………cu. ft.
(3 decimal points) (2 decimal points)

(b) Internal cube……………………cu. m. ……………………cu. ft.
(3 decimal points) (2 decimal points)

cont'd.

5.	**Weight and Capacity** (a) Actual tare weight of unit load device, including any securing fittings attached thereto ……… kgs. (round off to next half kg.) ……… lbs. (round off to next half lb.) (b) Maximum net weight permissible ……… kgs. (round off to next half kg.) ……… lbs. (round off to next half lb.)
6.	**Design and Construction** (a) Describe materials used ……… (b) Describe type of construction ……… (c) Describe access for loading and unloading, including dimensions (cms. or inches) ……… (d) Describe facilities, if any, for sealing according to Customs bonding requirements ……… (e) Describe cargo tie-down facilities inside and/or outside, if any ……… (f) Describe ventilation and inspection points, if any ……… (g) Describe security features against pilferage and damage ……… (h) Describe any other special features not mentioned in this paragraph, e.g. collapsible, insulated, etc. ……… (i) Indicate whether unit load device conforms to any agreed national standards and, if so, elaborate ……… (j) Indicate if unit load device is disposable, or intended for multiple use and, if so, indicate approximate number of trips ……… (k) Indicate manufacturer's full address ……… *cont'd.*

7. Illustrations

(a) Supply technical drawing and specifications, including identification code or number, according to IATA standard form, and to be completed in black ink in their dimensional style as example attached and provide any necessary explanation ……

(b) Supply photograph ……

(c) Supply any supplementary literature, as available ……

8. Handling Methods

(a) Describe use of any necessary handling equipment and/or facilities ……

(b) Describe any necessary handling precautions to be taken ……

(c) Describe stacking ability ……

FOR USE BY MEMBER ONLY

9. Price and Charges (Specify U.S. Dollars or Pounds Sterling)

(a) Purchase price or approximate production cost, as applicable ……

(b) Selling price ……

(c) Lease or rental charge, as applicable ……

10. Intended Use

(a) Indicate whether unit load device will be used exclusively for loading inside aircraft, or also for commercial purposes ……

(b) Indicate details of any special features of unit load device, e.g. flexible or rigid, specialised aircraft locking or restraint device ……

(c) Indicate whether unit load device will be used on-line only, or both on-line and interline ……

Applicant ……	Certified by:
……	Member ……
Address ……	Title ……
City ……	Signature ……
Signature ……	Date ……

XIII. Palettenrollgeld

Während früher eine allgemeinverbindliche Gebührenabrechnung für die Rollung von Palettensendungen nicht bestand, trat am 1. 4. 1964 für den bahnamtlichen Rollfuhrdienst die nachstehend wiedergegebene zwischen der Deutschen Bundesbahn und der Arbeitsgemeinschaft Spedition und Lagerei e. V. getroffene Vereinbarung in Kraft.

1. Bahnamtliche Rollfuhr

Bei *Box- und Gitterboxpaletten* wird das Rollgeld nach dem Bruttogewicht der Sendung unter Berücksichtigung eines Mindestgewichts von 300 kg je Palette berechnet.

Zum Rollgeld tritt je Palette ein Zuschlag in Höhe der Rollgebühr für 100 kg nach dem jeweiligen Gebührentarif; im Falle einer Wiederbeladung wird der Zuschlag nur einmal erhoben. Rollgeld und Zuschlag sind vom Unternehmer in einer Summe anzugeben.

Mit dem Rollgeld und dem Zuschlag werden auch die Leerrollung und eine Wartezeit für das Ent- oder Beladen bis zu einer halben Stunde abgegolten. Für längeres Warten dürfen ortsübliche Gebühren berechnet werden.

Bei *Flachpaletten* wird Rollgeld nach dem Bruttogewicht der Sendung erhoben.

Zum Rollgeld tritt ein Zuschlag in Höhe der halben Rollgebühr für das Eigengewicht der Paletten je Sendung; im Falle einer Wiederbeladung wird der Zuschlag nur einmal erhoben. Rollgeld und Zuschlag sind vom Unternehmer in einer Summe anzugeben.

Mit dem Rollgeld und dem Zuschlag wird auch die Leerrollung abgegolten.

Werden die vorgenannten Lademittel nur leer gerollt, ohne daß eine Rollung des beladenen Lademittels vorausgeht oder nachfolgt, wird das Rollgeld nach dem Bruttogewicht berechnet.

Bei bahneigenen und Austauschpaletten ist im Gegensatz zu Kleinbehältern und Collico eine Nummernkontrolle nicht möglich, wohl aber eine Stückkontrolle anhand der Paletten-Ausgabescheine gemäß Vordruck[1]). Diese sind Ausweis dafür, welche Anzahl und Gattung von Paletten ohne besondere Gebührenberechnung leer zu rollen ist.

Die Palettenausgabe und -rückgabe wird zwischen der Güterabfertigung und dem bahnamtlichen Rollfuhrunternehmer (BRU) wie folgt gehandhabt:

---

[1]) Vgl. S. 48.

Sendungen in oder auf bahneigenen oder *Austauschpaletten* werden dem BRU mit Paletten-Ausgabeschein ausgeliefert, sofern er nicht der Abfertigung sofort bei der Übernahme der Sendungen im Auftrage von Austauschkunden der Deutschen Bundesbahn Paletten der gleichen Zahl und Gattung zurückgibt. In dem mit Durchschrift gefertigten Paletten-Ausgabeschein wird neben der Anzahl der Paletten in der für die einzelnen Gattungen vorgesehenen Zeile der Name des Empfängers (in Zeile: Übergeben an Firma . . . . . .) und der Name des BRU (in Zeile: Durch Spediteur . . . . ..) eingetragen. Der Empfang der Paletten wird vom BRU (in der Regel vom Fahrer) zumeist auf beiden Ausfertigungen des Paletten-Ausgabescheins, von denen eine bei der Abfertigung verbleibt, bestätigt.

Es ist nichts dagegen einzuwenden, wenn sich Güterabfertigungen den Empfang der Paletten nur auf der bei ihnen verbleibenden Ausfertigung quittieren lassen.

Die Palettensendungen werden dem Empfänger mit Paletten-Ausgabeschein übergeben. Der Kunde kann aber auch mit dem BRU vereinbaren, daß dieser die Überwachung der Rückgabe übernimmt. Der Paletten-Ausgabeschein bleibt in solchen Fällen beim BRU.

Die *leeren Paletten* werden vom BRU an die Güterabfertigung zurückgegeben. Das braucht nicht unbedingt unter Vorlage des Paletten-Ausgabescheins zu geschehen, obwohl die meisten Güterabfertigungen schon zum Zwecke einer besseren Überwachung der fristgerechten Rückgabe der Paletten darauf Wert legen.

Als Bescheinigung für die Rückgabe der leeren Paletten erhält der BRU einen Paletten-Annahmeschein[1]), der dem Kunden zuzuleiten ist, wenn der BRU nicht die Palettenüberwachung übernommen hat.

Geht die Leerrollung der Vollrollung voraus, so werden dem BRU die leeren Paletten — wie geschildert — mit Paletten-Ausgabeschein ausgehändigt und die beladenen Paletten mit Paletten-Annahmeschein angenommen.

Verfügt der Kunde dagegen über Austauschpaletten, so erhält der BRU bei der Auflieferung palettierter Sendungen bei der Güterabfertigung einen Paletten-Annahmeschein, der ihn berechtigt, innerhalb der Tauschfrist (bei Stückgut Soforttausch, bei Wagenladungen bis zu 5 Tagen) im Auftrag des Kunden gegen Vorzeigen des Paletten-Annahmescheins Paletten der gleichen Zahl und Gattung von der Tauschabfertigung abzufordern. Die leeren Paletten werden dem BRU wiederum mit Paletten-Ausgabeschein ausgeliefert.

Die Kontrolle darüber, ob eine gebundene und damit gebührenfreie bahnamtliche Rollfuhr leerer Paletten vorliegt, könnte durch den BRU wie folgt vorgenommen werden, falls er die Palettenkontrolle nicht für den Kunden durchführt:

---

[1]) Vgl. S. 48.

Vollrollung mit nachfolgender Leerrollung

Der BRU ist zur gebührenfreien Rollfuhr der leeren Paletten verpflichtet, wenn der Empfänger der Vollsendung anhand des Paletten-Ausgabescheins oder der Absender von palettierten Sendungen (Kunde mit Austauschpaletten) anhand des Paletten-Annahmescheins nachweist, daß der BRU die Vollrollung durchgeführt hat. Das ist beim Paletten-Ausgabeschein in der Regel durch die Empfangsbestätigung des BRU (zumeist Fahrer des Unternehmers) in Verbindung mit dem von der Güterabfertigung in der Zeile „Durch Spediteur" eingetragenen Namen des BRU, beim Paletten-Annahmeschein nur durch den von der Abfertigung vermerkten Namen des BRU möglich.

Um jeden Zweifel auszuschalten, sollten die den Kunden auszuhändigenden Paletten-Ausgabescheine vom BRU zusätzlich mit Firmenstempel oder mit Namenszeichen versehen werden, falls der Empfang der Palettensendung nicht ohnehin auf beiden Ausfertigungen bestätigt wird. Sieht der BRU von einer Kennzeichnung ab, muß er die Eintragung des Vermerks seiner Firma durch die Güterabfertigung gegen sich gelten lassen.

Bei Kunden mit Austauschpaletten sollte bezüglich des Paletten-Annahmescheins stets so verfahren werden.

Verschiedentlich wird die Anzahl der zu einer Vollsendung gehörenden Paletten nicht geschlossen, sondern nach und nach an die Güterabfertigung zurückgegeben. Die BRU sollten deshalb in solchen Fällen die zurückgegebenen Leerpaletten auf dem dem Kunden belassenen Paletten-Ausgabeschein abbuchen und die Buchung mit Namenszeichen versehen.

Vollrollung mit vorausgegangener Leerrollung

Die Leerrollung wird zunächst kostenlos vom BRU durchgeführt. Folgt nicht in absehbarer Zeit eine Vollrollung, so hat der BRU Anspruch auf Rollgeld nach dem Eigengewicht der Paletten. Die Überwachung der gebundenen Leerrollung obliegt dem BRU anhand seiner eigenen Unterlagen. Er kann sich die gebundene Leerrollung durch Paletten-Ausgabe- und Paletten-Annahmeschein vom Kunden belegen lassen.

Aus dem Paletten-Ausgabeschein geht nicht hervor, ob die Paletten beladen oder leer gerollt worden sind. Dem BRU könnte deshalb unterstellt werden, die gleiche Anzahl beladener wie leerer Paletten gerollt zu haben, während er tatsächlich zweimal leere Paletten ohne vorausgegangene oder nachfolgende Vollrollung gerollt hat. Um dem zu begegnen, sollte der BRU unter „Zahl" der einzelnen Palettengattungen „beladen" oder „leer" vermerken.

Kundensonderpaletten tragen den Namen des Einstellers, der Heimatgüterabfertigung sowie eine laufende Nummer. Die gebundene Leerrollung ist deshalb mit Hilfe des „Begleitscheins für Kundensonderpaletten im Frachtstückgutverkehr" verhältnismäßig leicht zu überwachen.

Sonderpaletten dürfen im Lastlauf nur im Wagenladungsverkehr verwendet werden. Sie werden auch im Leerlauf mit Frachtbrief zum Versand gebracht, so daß die gebundene Leerrollung durch Vorlage des Frachtbriefes für den Lastlauf vom Kunden nachzuweisen ist.

Für die bahnamtliche Rollfuhr der im Expreßgutverkehr beförderten oder zu befördernden Sendungen in Paletten sowie der leeren Lademittel ist vom Bruttogewicht der Sendung oder bei der Leerrollung in jedem Falle vom Eigenwicht der Lademittel auszugehen.

2. Nicht-bahnamtliche Rollfuhr

Für die Rollfuhr, auch Vollmachtspedition, bestehen keine Preisvorschriften. Die Preisfestsetzung erfolgt in Vereinbarung mit dem Kunden nach Selbstkosten oder preis- und konkurrenzpolitischen Grundsätzen. Häufig orientieren sich diese Rollfuhrunternehmer bei der Preisgestaltung an den Sätzen des bahnamtlichen Rollgebührentarifs, die entweder der Ortsklasse entsprechend übernommen oder aber unter Berücksichtigung der besonderen Verhältnisse des Auftrags geändert werden.

3. Rollfuhr im Sammelgutverkehr

Für die Rollung von Paletten im Sammelgutverkehr bestehen ebenfalls keine Bestimmungen, durch die das Rollgeld festgesetzt wird. Gemäß § 3 der VO PR Nr. 4/63[1]) ist aber die Rollung leerer Paletten als eine im Kundensatz nicht eingeschlossene Leistung anzusehen, die neben dem Kundensatz besonders und getrennt zu berechnen ist. Die Bestimmung des Rollgeldes für diese Zurollung leerer Paletten erfolgt nach den im Abschnitt 1 oder 2 dieses Kapitels gemachten Ausführungen.

a) Sammelgutrolle im Versand

Bei Sammelladungsversandaufträgen ist das Rollgeld für die *Abholung der beladenen Paletten* gemäß § 2 Abs. 2 der VO PR Nr. 4/63 im Kundensatz enthalten. Hierbei wird nicht unterschieden, ob die Rollung vom Versandspediteur selbst oder in dessen Auftrag von einem bahnamtlichen oder sonstigen Spediteur durchgeführt wird. Durch die Palettenbehandlung vom Kunden verursachte Wartezeiten werden gesondert berechnet.

b) Sammelgutrolle im Empfang

Für die Rolleistungen am Empfangsort gelten, je nachdem, ob sie ein bahnamtlicher oder sonstiger Rollfuhrunternehmer erstellt, die im Abschnitt 1 und 2 dieses Kapitels dargestellten Preisformen.

---

[1]) Kundensatzzeiger für den Spediteur-Sammelgutverkehr mit Eisenbahn und Kraftwagen, gültig ab 1. 7. 1963, herausgegeben von der Arbeitsgemeinschaft Spedition und Lagerei e. V., Bonn.

XIV. Der Europäische Palettenpool der Eisenbahnen

1. Entstehung und Entwicklung

Der 1960 auf Initiative der Deutschen Bundesbahn mit der Schweiz gegründete Palettenpool wurde bis 1. 1. 1965 auf 14 Staaten ausgedehnt.

Das Übereinkommen über die Verwendung der Flachpaletten 800 × 1200 mm im Pool ist bisher zwischen 14 Eisenbahnverwaltungen in Kraft gesetzt worden:

Europäische Palettenpool-Verwaltung (EPP) mit Kennzeichen	Zeitpunkt des Beitritts zum Palettenpool	Von den EPP-Verwaltungen gemeldete Bestandszahlen am 31. 12. 1962[1])		
		Bahneigene Bestände	Kundeneigene Bestände	Vorgesehene Beschaffungen 1963
Belgische Eisenbahnen (SNCB)	1. 7. 1961	25 000	900	12 000
Dänische Staatsbahnen (DSB)	1. 1. 1962	17 000	23 000	20 000
Deutsche Bundesbahn (DB)	1. 1. 1960	136 000	96 000[2])	95 000
Französische Eisenbahnen (SNCF)	1. 7. 1961	180 000	— [3])	—
Italienische Bahn (I)	1. 7. 1961	73 000	3 700	21 000
Luxemburgische Eisenbahnen (CFL)	1. 7. 1961	400	1 500	keine
Niederländische Eisenbahnen (NS)	1. 7. 1961	3 000	keine	keine
Norwegische Staatsbahnen (NSB)	1. 7. 1962	20 000	1 000	15 000
Österreichische Bundesbahnen (ÖBB)	1. 1. 1961	55 590	174 576	27 000
Schwedische Staatsbahnen (SJ)	1. 1. 1962	457 000	5 000 000	225 000[4])
Schweizerische Bundesbahnen (SBB)	1. 1. 1960	133 000	790 000	90 000
Tschechoslowakische Staatseisenbahnen (CSD)	1. 2. 1964	—	—	—
Deutsche Reichsbahn (DR)[5])	1. 10. 1964	—	—	—
Ungarische Staatseisenbahnen und Raab-Oedenburg-Ebenfurter Eisenbahn (MAV)	1. 1. 1965	—	—	—
		1 099 990	6 090 676	505 000

[1]) Mitteilung der OBL-Süd, Dezember 1963.

[2]) Nur Kunden mit Austauschverträgen.

[3]) Weitere Angaben liegen nicht vor.

[4]) Geschätzt.

[5]) Mit der Einbeziehung der Deutschen Reichsbahn in den Palettenpool können Flachpaletten auch von und nach Westberliner Bahnhöfen verwendet werden. Westberliner Firmen haben außerdem die Möglichkeit, Paletten mit dem Zeichen und Abnahmestempel der Deutschen Bundesbahn oder der übrigen Verwaltungen des Europäischen Palettenpools einzubringen.

Obwohl der Europäische Palettenpool noch verhältnismäßig jung ist, hat er wesentlich zur Vereinfachung des zwischenbetrieblichen Güterverkehrs in Westeuropa beigetragen. So war der Austausch mit der Schweiz im Jahresdurchschnitt 1962 mit rd. 16 000 Paletten im Monat ungefähr doppelt so groß wie im Monatsdurchschnitt des Jahres 1961. Im Verkehr mit Österreich bedeuten die monatlich getauschten 10 000 Paletten eine Steigerung von etwa 40 % gegenüber dem vorjährigen Monatsdurchschnitt. Um die Jahresmitte 1962 wurden ferner mit Frankreich etwa 9000, mit Holland 6000 und mit Belgien etwa 5000 Flachpaletten getauscht. Zwischen der Deutschen Bundesbahn und den beteiligten Firmen wurden bisher rd. 1000 Austauschverträge abgeschlossen. In Österreich bestehen fast ebenso viele Austauschverträge mit den Österreichischen Bundesbahnen. Für Schweden wird die Zahl der Austauschverträge auf 300 geschätzt[1]).

2. Bedingungen für Austauschpaletten im Verkehr mit Ländern des Palettenpools

a) Einsatzbedingungen und Abrichtungsbeschränkungen

Die im Pool zusammengeschlossenen Eisenbahnen tauschen die international genormten Paletten untereinander genauso aus wie zwischen Kunden und Eisenbahn. Leertransporte werden nur notwendig, wenn bei der monatlichen Gegenüberstellung der zwischen zwei Ländern versandten bzw. empfangenen Paletten ein Saldo entsteht, der ausgeglichen werden muß.

Aus diesem Zusammenhang ergibt sich, daß die Flachpaletten mit den Kennzeichen B, CFL, CSD, DB, DR, DSB, FS, MAV, NS, NSB, ÖBB, SBB/CFF, SJ und SNCF nicht mehr nach der Heimat zurücklaufen müssen, sondern im Poolgebiet freizügig verwendet werden können. Zugelassen sind nach diesem Abkommen der Bahnverwaltungen nur Austauschflachpaletten 800 × 1200 mm. Darunter sind die von den in Betracht kommenden Eisenbahnverwaltungen beschafften Austauschflachpaletten zu verstehen. Außerdem fallen hierunter die von den Eisenbahnkunden als Tauschpaletten übernommenen Flachpaletten.

Weder die im Bereich der Deutschen Bundesbahn tauschbaren Box- oder Gitterboxpaletten noch die bei der Bahn eingestellten Kundensonderpaletten oder Paletten anderer Bauart fallen unter die internationale Palettenvereinbarung. Sollen sie nach dem Ausland eingesetzt werden, so ist eine besondere Vereinbarung (Ziff. 4 der Beförderungsbedingungen der Deutschen Bundesbahn für den Verkehr mit Austauschpaletten) notwendig. Seitens der Deutschen Bundesbahn wird jedoch angestrebt, die Gitterboxpalette 800 × 1200 mm in den Europäischen Palettenpool einzubeziehen.

---

[1]) Verkehrswirtschaft — Der Kraftverkehr Nr. 16/1963, S. 1.

Im Verkehr mit den *Niederlanden* besteht die Einschränkung, daß Flachpaletten im Frachtstückgutverkehr wie im Verkehr mit den anderen Ländern allgemein, im Ladungsverkehr dagegen vorläufig nur in besonders vereinbarten Verbindungen eingesetzt werden können. Wünsche auf Vereinbarungen solcher Verbindungen im Verkehr mit den Niederlanden sind unter Angabe der Firma in den Niederlanden sowie von Versand- und Bestimmungsbahnhof, Gutart und Mengenaufkommen an die zuständige Bundesbahndirektion zu richten[1]).

Ohne Rückfrage können Austauschflachpaletten im Wagenladungsverkehr nach den Niederlanden nach den nachstehenden 71 Orten[2]) aufgeliefert werden:

Alkmaar
Almelo
Almersfoort
Amsterdam-Doklaan
Amsterdam — Gem. Goed. Inr.
Amsterdam-Rietlanden
Amsterdam-Westerdoksdijk
Amsterdam-Haarlemmermeer
Apeldoon
Arnhem-Goederenstation
Bergen op Zoom
Beverwijk
Breda
Coevorden
Delft
Delfijl
Deventer
Dordrecht
Dordrecht-de Staart
Dordrecht-Zeehaventerrein
Eindhoven
Emmen
Enschede-SS
Enschede-Zuid
Gorinschem
Gouda
Groningen
Groningen-Noord
Den Haag-NS
Den Haag-NS-Loosduinscheweg
Den Haag-SS
Haarlem-Goederenstation
Harlingen
Den Helder
Den Helder-Haven
Helmond
Hengelo
Hengelo-GOLS
s'-Hertogenbosch
Hillegersberg
Hilversum
Hoek van Holland
Kampen
Leeuwarden
Leiden-Goederenstation
Leiden-Heerensingel
Leidschendam-Voorburg
Loosduinen (Heuvel en Veiling)
Maassluis
Maastricht-Boschpoort
Maastricht-Wijk
Meppel
Middelburg
Nijmegen
Oldenzaal
Oss

[1]) DB-Kundenbrief Nr. 7/1961, S. 113.
[2]) DB-Kundenbrief Nr. 1/1963, S. 7.

Roermond	Veendam
Roosendaal	Venlo
Rotterdam-Noord-Goerderenstation	Vlaardingen
Rotterdam RMO	Vlissingen
Rotterdam-Spaanse Holder	Voorburg
Rotterdam-Zuid Goederenstation	Weert
Rotterdam-Zuid-Botlek	Winschoten
Scheveningen-Duinstraat	Winterswijk
Schiedam	Zaandam
Tiel	Zevenaar
Tilburg	Zutphen
Utrecht-CS	Zwolle
Utrecht-Maliebaan	Zwijndrecht

b) Der Palettenaustausch

Bei Auflieferung beladener Austauschflachpaletten im Stückgutverkehr nach einem Lande des Palettenpools erhält der Deutsche Absender von der Versandabfertigung die gleiche Anzahl und Art bahneigener Paletten im Sofortausch zurück. Gehen beladene Austauschflachpaletten aus einem dieser Länder ein, so tauscht die Empfangsabfertigung mit dem Empfänger, der Tauschkunde ist. Die Palettenverwendung im internationalen Verkehr entspricht also bei Frachtstückgut derjenigen im Binnenverkehr.

Für den Tausch von Poolflachpaletten im Wagenladungsverkehr nach und von den Ländern des Europäischen Palettenpools bestehen die gleichen Bestimmungen wie im Binnenverkehr.

c) Frachtberechnung im Stückgut- und Wagenladungsverkehr

Lastlauf

Für die Frachtberechnung gelten die internationalen Tarife, soweit keine bestehen, die Binnentarife der beteiligten Bahnen. Grundsätzlich wird auch im internationalen Verkehr das Nettofrachtprinzip angewandt. Eine Flachpalette wird auf ausländischen Strecken mit höchstens 25 kg angesetzt.

Hilfseinrichtungen, die der besseren Unterbringung der Güter auf oder in der Palette oder zum Schutz des Gutes dienen, rechnen nicht zur Palette, sondern gelten als Packmittel.

Leerlauf

Da die Paletten von allen am europäischen Pool beteiligten Eisenbahnen getauscht werden, scheidet ein Leerlauf aus.

XV. Der europäische Straßenpalettenpool

1. Entwicklungsstand

Anders als der in der Bundesrepublik bestehende nationale Palettenpool, der sich sowohl auf den Bahn- als auch auf den Straßenverkehr erstreckt, stellt der internationale Palettenpool der Eisenbahnen eine Vereinbarung dar, die sich ausschließlich auf den Austausch bzw. Spitzenausgleich von Flachpaletten 800 × 1200 mm zwischen den beteiligten Verwaltungen bezieht. Eine entsprechende Abmachung für den europäischen Straßengüterfernverkehr besteht nicht. Dieser Mangel hat bisher einer weiteren Ausdehnung der Palettenverwendung im Güterfernverkehr nicht unerheblich entgegengewirkt[1]). Auf Veranlassung der Internationalen Straßen-Transport-Union (IRU), Genf, sind die Möglichkeiten für die Schaffung eines europäischen Straßenpalettenpools geprüft worden. Mit Rundschreiben vom 28. 9. 1962 (IRU — Doh S II / 495 — S III / 430) hat die IRU den nationalen Organisationen einen Entwurf für einen Palettenpool vorgelegt, der sich sowohl auf den Schienen- und Straßenverkehr als auch auf den Wasser- und Luftverkehr erstrecken soll. Nachstehend ist dieser Entwurf, der zwischenzeitlich verbessert wurde, wiedergegeben.

2. Palettenpool für die Beförderung auf der Straße

A. Allgemeine Bedingungen für die Beförderung mit Paletten

I. Definition

Austauschpaletten sind solche, die sich dazu eignen, unter den nachstehend bezeichneten einheitlichen Bedingungen unter Übergang in das Eigentum des Palettenabnehmers ausgetauscht zu werden.

Austauschpaletten können freizügig mit jedem Verkehrsmittel auf der Schiene, der Straße, dem Wasser- oder Luftwege befördert werden.

II. Technische Erfordernisse, Abnahme, Kennzeichnung

1. Als Austauschpaletten sind zugelassen: die von der Internationalen Union der Eisenbahnen (UIC) genehmigten Flachpaletten mit den genormten Maßen 800/1200.
2. Die Hersteller von Austauschpaletten beantragen die Zulassung der von ihnen hergestellten Geräte bei den nationalen Organisationen, die für die Einhaltung der Gütenormen verantwortlich sind.
3. Die Austauschpaletten werden beim Hersteller entsprechend den vorgeschriebenen Normen (Abmessungen und Güte) von den verantwortlichen nationalen Organisationen geprüft und abgenommen.

---

[1]) Deutsche Verkehrs-Zeitung Nr. 109/1963, S. 6.

4. Außer dem Kennzeichen EUR, das die Möglichkeit der Verwendung der Austauschpaletten im internationalen Pool anzeigt, sind die Paletten mit dem Kennzeichen der haftenden Abnahmeorganisation versehen.

   Diese Kennzeichen können an den Paletten nur mit Zustimmung der Empfangsstelle angebracht werden.

   Der Empfang führt zur Bezahlung einer Gebühr als Entschädigung für die Empfangskosten.

III. Palettenverwendung

1. Der Austausch von Paletten erfolgt im Prinzip anläßlich der Aushändigung der palettisierten Ladungen zwischen den Verkehrsnutzern, ggf. Spediteuren und Transportunternehmern.
2. Das Bruttogewicht pro Einheit darf 1000 kg nicht übersteigen.
3. Die zum Tausch eingesetzten Paletten müssen in gutem Zustand und sauber sein.

IV. Schäden, Ausbesserungen und Erneuerung

1. Die Prüfung der Art und des Zustandes der Paletten geschieht im Augenblick des Tausches. Jede nachträgliche Beanstandung findet keine Berücksichtigung.
2. Es obliegt dem Halter in der Eigenschaft als Paletteneigentümer, für die Instandsetzungskosten der beschädigten oder in Unfälle verwickelten Paletten aufzukommen oder die unbrauchbaren Paletten zu ersetzen.

B. Besondere Bedingungen für den Straßenverkehr als Ergänzung der für den internationalen Palettenpool definierten allgemeinen Bedingungen

1. Für alle Palettentransporte unter Einschluß des Palettentauschs, die zwischen einem Verlader und einem Straßentransportunternehmer abgeschlossen wurden, werden die von der IRU am ...... erlassenen Bedingungen und Vorschriften angewandt.
2. Da der Pool grundsätzlich auf die UIC-Paletten mit den Maßen 800/1200 beschränkt ist, muß die Ausdehnung auf Paletten eines anderen Typs oder unterschiedlicher Geräte demzufolge Gegenstand eines besonderen Zusatzabkommens bilden.
3. Jeder Verlader, Spediteur oder Transportunternehmer, der einen Transport mit Paletten durchführen möchte oder durchführt, soll seinen Nachfolger rechtzeitig unterrichten, um den materiellen Palettentausch zu ermöglichen, der grundsätzlich Zug um Zug stattfinden soll.

   Durch Sonderabkommen können die Verlader, Spediteure und Transportunternehmer, die laufende Geschäftsbeziehungen unterhalten, vereinbaren, den Ausgleich in regelmäßigen Zeitabständen (Wochenende, Monatsende usw.) vorzunehmen.
4. Der Palettenaustausch kann für jede beladene Palette angenommen werden, deren Herkunfts- und Bestimmungsort jeder normal erreichbare beliebige Ort auf nationalem Gebiet sein kann.

   Das gleiche gilt im internationalen Verkehr für die zwischen den Beteiligten vereinbarten Länder.
5. Die Ladung einer Palette muß so beschaffen sein, daß
   — sie sich unterwegs nicht lockert oder von der Palette loslöst,
   — sie die Übereinanderstellung von zwei beladenen Paletten gestattet.

6. Da der Spediteur oder Transportunternehmer nicht immer die Anzahl, den Zustand, die Art und das Gewicht der auf die Paletten geladenen Packstücke feststellen kann, ist er von jeder Haftung für eine Fehlmenge oder Beschädigung, die der Ladung von außen nicht anzusehen ist, befreit. Der Auftraggeber haftet für jede unrichtige Angabe.

7. Wenn eine Palette für einen einzigen Empfänger beladen wird, brauchen die Packstücke nicht einzeln gekennzeichnet zu werden, sondern es muß ein Zettel mit Name und Adresse des Empfängers zumindest auf zwei gegenüberliegenden Seiten der Ladung aufgeklebt werden.

   Wird eine Palette für mehrere Empfänger beladen, so muß jedes Packstück einzeln gekennzeichnet werden.

8. Eine Palette kann nur mit Packstücken für einen Bestimmungsort beladen werden. Wird sie für mehrere Empfänger beladen, die aber in dem gleichen Ort wohnen, dann wird jede Sendung als Teilsendung angesehen, für die ein getrennter Transportschein ausgestellt wird und die getrennt zu berechnen ist.

9. Der nach dem Bruttogewicht errechnete Beförderungspreis wird zwischen dem Verlader und dem Transportunternehmer in beiderseitigem Einverständnis festgelegt, wobei als Grundlage die entsprechenden Tarifklassen gelten mit einem eventuellen Zuschlag für Verlust an Rauminhalt, jedoch auch mit den entsprechenden Nachlässen auf Grund der erzielten Ersparnisse an Arbeitskraft und Zeit anläßlich der Be- und Entladearbeiten.

10. Es wird nichts in Rechnung gestellt für die Rückfracht oder die Clearingkosten der Paletten.

11. Für die nichtgetauschten oder nicht sofort bei Lieferung zurückgegebenen Paletten wird eine zusätzliche Gebühr zur Deckung der besonderen Abholkosten erhoben sowie eine Gebühr für die Benutzung über den dritten Tag hinaus.

XVI. Sonstige internationale Austauschbedingungen

1. Austauschpaletten im Donauverkehr zwischen der Bundesrepublik und Österreich

Die Beförderung von Gütern auf Austauschpaletten im Stückgutverkehr auf der Donau beschränkt sich auf den Verkehr zwischen den österreichischen und deutschen Donaustationen. Die auf Austauschpaletten verladenen Güter sind in den Donaustationen aufzuliefern. Dabei kann die Auflieferung per Bahn oder per Lkw erfolgen. Die Erste Donau-Dampfschiffahrts-Gesellschaft, von der die Schiffstransporte durchgeführt werden, besorgt die Zu- oder Abfuhr nicht selbst. Sie übernimmt jedoch den Umschlag des Gutes an den Donaustationen bzw. läßt ihn durch beauftragte Hafenumschlagsspediteure durchführen[1]).

Der Wortlaut der in den Gütertarif Teil I Abt. B der 1. DDSG aufgenommenen „Bestimmungen über die Beförderung von Frachtgütern auf Paletten" ist folgender:

1. Allgemeine Bestimmungen

Paletten, auf welche die nachfolgende Bestimmung Anwendung findet, sind genormte Hubpaletten, die vor allem der Zusammenfassung mehrerer Einzelstücke zu einer Ladeeinheit dienen.

Die Paletten werden unterschieden in

a) Austauschpaletten, die von Kunden auf eigene Rechnung beschafft und mit der Gesellschaft oder der Eisenbahn unter Übergang des Eigentums fallweise ausgetauscht werden,

b) Privatpaletten, die als Ladegeräte zählen und unter Punkt V des Abschnittes B im Gütertarif, Teil I, Abteilung B, der 1. DDSG fallen.

In Verbindung mit Paletten können Austausch-Zusatzgeräte, die von Kunden auf eigene Rechnung beschafft und aufgrund eines Vertrages mit der Gesellschaft unter Übergang des Eigentums fallweise ausgetauscht werden, sowie private Zusatzgeräte als Ladegeräte verwendet werden.

Die Austauschpaletten gemäß vorstehendem Absatz a) müssen eines der folgenden Eigentumsmerkmale einer Eisenbahnverwaltung tragen:

B	=	Nationale Gesellschaft der belgischen Eisenbahnen
DSB	=	Dänische Staatsbahnen
DB	=	Deutsche Bundesbahnen
SNCF	=	Nationale Gesellschaft der französischen Eisenbahnen
FS	=	Italienische Staatsbahnen
CFL	=	Nationale Gesellschaft der luxemburgischen Eisenbahnen

[1]) Deutsche Verkehrs-Zeitung Nr. 94/1963, S. 6.

NS	=	Niederländische Eisenbahnen
NSB	=	Norwegische Staatsbahnen
ÖBB	=	Österreichische Bundesbahnen
SJ	=	Schwedische Staatsbahnen
SBB/CFF	=	Schweizerische Bundesbahnen
CSD	=	Tschechoslowakische Staatseisenbahnen
[1]		

2. *Austauschpaletten und Austausch-Zusatzgeräte*

Die Austauschpaletten mit den Grundmaßen 800 × 1200 mm tragen auf den sichtbaren Seiten der Eckklötze an den Längsseiten der Palette folgende Zeichen: auf dem rechten Eckklotz das Zeichen „EUR", auf dem linken Eckklotz das Zeichen einer Eisenbahnverwaltung gemäß Punkt 1, letzter Absatz.

Die Austauschpaletten und die Austausch-Zusatzgeräte sind nur in den von der Gesellschaft für den Paletteneinsatz vorgesehenen Verkehren zugelassen.

Die Austauschpaletten und die Austausch-Zusatzgeräte werden in den Schiffsstationen mit der Eisenbahn oder mit dem Kunden grundsätzlich formlos unter Übergang des Eigentums im Tauschweg — Zug um Zug — ausgetauscht.

Die Gesellschaft ist berechtigt, eine Verzögerungsgebühr je Palette zu erheben, wenn die Tausch- oder die Rückgabefrist nicht eingehalten wird.

Die zu tauschenden Paletten müssen in einwandfreiem baulichem Zustand, besenrein und gleicher Art sein. Austauschpaletten dürfen ein Bruttogewicht je Palette von 1000 kg nicht überschreiten.

Der Absender hat im Schiffsfrachtbrief in der Spalte „Inhalt" nach den Angaben über die Art des Gutes die Anzahl, die Art (z. B. „2 Paletten", „1 Palette + 1 Aufsetzrahmen"), das Eigentumsmerkmal der verwendeten Austauschpaletten und Austausch-Zusatzgeräte und in der Spalte „Rohgewicht lt. Versender" die Summe ihrer Eigengewichte in Kilogramm, bei Angabe des Gewichtes des Gutes getrennt von diesem, anzugeben. Als Eigengewicht einer Austauschpalette werden 25 kg angenommen.

Für Güter auf Austauschpaletten wird die Fracht für das frachtpflichtige Gewicht der darauf verladenen Güter, mindestens für 200 kg für jede Palette, nach dem für das Gut geltenden Frachtsatz berechnet. Hierbei wird das Gewicht in der Weise ermittelt, daß vom Gesamtgewicht der Sendung für jede Palette und für jeden Aufsetzrahmen je 25 kg (Boxpalette 70 kg) abgezogen werden. Im übrigen gelten die Bestimmungen des Abschnittes A.

Die Gesellschaft haftet nicht für die Richtigkeit der Stückzahl der vom Absender auf den Paletten aufgelieferten Güter, es sei denn, die Gesellschaft stellt auf Antrag des Absenders die Stückzahl der auf den Paletten verladenen Güter fest, ohne daß deshalb die Güter bei der Feststellung der Stückzahl abgeladen werden müssen.

Die Nebengebühren werden für das Gesamtgewicht der beladenen Paletten berechnet.

---

[1] Ab 1. 10. 1964 auch Beitritt der DR = Deutsche Reichsbahn sowie ab 1. 1. 1965 der MAV = Ungarische Staatseisenbahnen und Raab-Oedenburg-Ebenfurter Eisenbahn.

2. Austauschpaletten im Seeverkehr Hamburg — Stockholm

In Zusammenarbeit mit der Hamburger Hafen- und Lagerhaus AG und der Stockholmer Firma Tullpackhuskarlslag ist über die Hamburger Reedereien H. M. Gehrckens und Mathies Reederei KG eine ununterbrochene Kette für den Stückguttransport auf Flachpaletten bei Verschiffungen über Hamburg nach Stockholm und Weiterverladung mit den Schwedischen Staatsbahnen bis zum Haus des Endempfängers in Schweden geschaffen worden[1]).

Voraussetzung für die durchgehende Benutzung ist, daß Versender und Empfänger dem Europäischen Palettenpool angehören.

Die Sendungen verbleiben während des gesamten Transportweges auf den Austauschpaletten, auf die sie beim Versender gestapelt worden sind. Sie werden auf diesen Paletten in Stockholm der dortigen Tullpackhuskarlslag zur weiteren Veranlassung übergeben.

Der Versender tauscht die Paletten bei der Güterabfertigung des Versandortes. Im Frachtbrief muß die Anzahl der im Waggon befindlichen Flachpaletten in der Rubrik „Lademittel - Behälter“ angegeben werden. Der Tausch mit der Deutschen Bundesbahn in Hamburg erfolgt über die Hamburger Hafen- und Lagerhaus AG, und zwar so, als ob die Paletten nur für die Abwicklung des Vortransportes benutzt würden.

Für die Berechnung der Seefracht bleibt das Palettengewicht unberücksichtigt, und zwar in der Weise, daß pro Palette das Durchschnittsgewicht von 25 kg vom deklarierten Gesamtgewicht abgezogen wird.

Zur Ermöglichung der reibungslosen Abwicklung muß die Anzahl der verwendeten Paletten in dem die fragliche Sendung betreffenden Konnossement angegeben werden. Sollen für eine Stockholm-Abfahrt mehr als fünf Paletten angeliefert werden, die für den durchlaufenden Verkehr bestimmt sind, erbitten die Reedereien besondere Anzeige bei der Buchung.

[1]) Verkehrswirtschaft — Der Kraftverkehr Nr. 16/1963, S. 1 sowie Deutsche Verkehrs-Zeitung Nr. 42/1963, S. 7.

XVII. Zollmäßige Behandlung von Paletten

1. Zollmäßige Behandlung in der Bundesrepublik

Nach § 43 Abs. 1 der Allgemeinen Zollordnung (AZO) sind die Umschließungen eingeführter Waren zollfrei. Unter den Begriff „Umschließungen“ fallen alle äußeren und inneren Behältnisse, Aufmachungen, Umhüllungen und Unterlagen, die dazu dienen, die Waren während der Beförderung oder Aufbewahrung zu schützen. Den Umschließungen gleichgestellt sind unter anderem auch die Paletten[1]).

Leere Paletten können aufgrund von § 43 Abs. 3 AZO zollfrei in die Bundesrepublik eingeführt werden, sofern die Einfuhr im Rahmen einer Vereinbarung zwischen den Beteiligten stattfindet, die beinhaltet, daß die Paletten gemeinschaftlich genutzt werden und innerhalb einer bestimmten Frist die gleiche Anzahl gleichartiger Paletten wieder ausgeführt wird.

Einer Mitteilung des Bundesfinanzministeriums an den Deutschen Industrie- und Handelstag (DIHT) zufolge fallen unter derartige Vereinbarungen nicht nur die Paletten eines größeren Teilnehmerkreises, sondern auch eines Palettenpools, dessen Teilnehmer nicht Transportunternehmer sein müssen. Es können auch sonstige Handels- und Industriefirmen sein, z. B. eine Firma und deren Tochterfirmen im Ausland.

Erforderlich ist in jedem Falle, daß die Vereinbarung vorher der Zollverwaltung zwecks Prüfung zugeleitet und von dieser anerkannt worden ist. In der Dienstanweisung zum Zollgesetz hat sich das Bundesfinanzministerium die Entscheidung darüber vorbehalten, ob derartige Vereinbarungen den nachstehend behandelten Bestimmungen des europäischen Übereinkommens über die Zollbehandlung von Paletten vom 9. 12.1960 entsprechen[2]).

Werden Paletten eingeführt, die Gegenstand eines Kaufes sind, so kommt ihre zollfreie Einfuhr nicht in Betracht.

2. Zollübereinkommen für Paletten

a) Beteiligte Länder

Um die Freizügigkeit der Palette noch zu erhöhen, hat eine Expertengruppe für Zollbestimmungen für das Transportwesen der Wirtschaftskommission für Europa der Vereinten Nationen (ECE) eine europäische Vereinbarung über die Zollbestimmungen für die bei internationalen Transporten verwendeten Paletten erarbeitet. Dieses Abkommen vom 8. 12. 1960 nimmt unter den zahlreichen Konventionen des Inlandtransportkomitees der ECE

---

[1]) Deutsche Verkehrs-Zeitung Nr. 36/1963, S. 3.

[2]) Verkehrswirtschaft — Der Kraftverkehr Nr. 37/1962, S. 1.

insofern einen besonderen Rang ein, als es sich nicht nur auf einen Verkehrsträger bezieht, sondern gewissermaßen koordinierend wirkt. Es betrifft die Zollbehandlung von Paletten im Eisenbahn-, Straßen- und Binnenschiffahrtsverkehr und wurde seinerzeit von den Bevollmächtigten folgender Länder unterzeichnet: Belgien, Bulgarien, Dänemark, Bundesrepublik Deutschland, Frankreich, Großbritannien, Italien, Luxemburg, Niederlande, Schweden und Schweiz. Die von Bulgarien, Dänemark und Schweden geleisteten Unterschriften trugen verbindlichen Charakter und ersetzten die nachfolgende Ratifikation.

Da für das Inkrafttreten von Konventionen, die auf Initiative der Vereinten Nationen entwickelt wurden, in der Regel fünf Ratifikationen oder vorbehaltlose Unterschriften erforderlich sind, trat das Abkommen nach der Ratifikation durch Frankreich am 12. 3. 1962 und durch Belgien am 14. 3. 1962 für die fünf genannten Staaten in Kraft. Die Konvention gilt heute für folgende Staaten[1]):

Belgien	Niederlande
Bulgarien	Österreich
Dänemark	Schweden
Frankreich	Schweiz
Großbritannien	Tschechoslowakei
Kuba	Ungarn
Luxemburg	

b) Auszug aus dem Zollübereinkommen für Paletten

Europäisches Übereinkommen über die Zollbehandlung von Paletten, die im internationalen Verkehr verwendet werden

Kapitel I

Allgemeine Bestimmungen

Artikel 1

(1) Im Sinne dieses Übereinkommens bedeutet der Begriff

a) „Eingangsabgaben" nicht nur die Zölle, sondern auch alle anderen aus Anlaß der Einfuhr zu erhebenden Abgaben;

b) „Palette" eine Vorrichtung, auf deren Boden sich eine bestimmte Gütermenge zu einer Verladeeinheit zusammenfassen läßt, um als solche befördert oder mit mechanischen Geräten bewegt oder gestapelt zu werden. Diese Vorrichtung besteht entweder aus zwei durch Stützen miteinander verbundenen Böden oder aus einem auf Füßen ruhenden Boden, ihre Gesamthöhe ist möglichst niedrig gehalten, ohne daß dadurch die Handhabung mit Gabelstaplern oder Palettenwagen behindert wird; sie kann auch mit einem Aufsetzrahmen versehen sein;

c) „Personen" sowohl natürliche als auch juristische Personen.

---

[1]) Verkehrswirtschaft — Der Kraftverkehr Nr. 11/1964, S. 1; Niederschrift des Internationalen Behälter-Büros (BIC), Paris, über die Sitzung vom 15. 1. 1964, Rundschreiben der ASp, Bonn, R VII/46/64 vom 3. 3. 1964, Der Spediteur Nr. 5/1964, S. 18.

(2) Dieses Übereinkommen gilt für Paletten, die aus dem Gebiet einer Vertragspartei in das Gebiet einer anderen Vertragspartei eingeführt werden.

Artikel 2

(1) Jede Vertragspartei läßt die Einfuhr von Paletten ohne Entrichtung der Eingangsabgaben und ohne Anwendung von Einfuhrverboten und Einfuhrbeschränkungen zu, sofern

a) sie vorher ausgeführt worden sind oder später wieder ausgeführt werden oder

b) die gleiche Anzahl Paletten von gleichem Typ und annähernd gleichem Wert vorher ausgeführt worden ist oder später ausgeführt wird.

(2) Vorbehaltlich des Artikels 3 richten sich das Verfahren und die Bedingungen der Anwendung der in Absatz 1 vorgesehenen Regelung nach den Vorschriften jeder Vertragspartei. Diese Vorschriften können insbesondere Bestimmungen enthalten, die verhindern sollen, daß die Zahl der endgültig ohne Entrichtung der Eingangsabgaben eingeführten Paletten größer ist als die Zahl der ausgeführten oder auszuführenden Paletten.

(3) Jede Vertragspartei wird sich bemühen, die Förmlichkeiten so einfach wie möglich zu gestalten und insbesondere auf eine Sicherheitsleistung für die Eingangsabgaben zu verzichten.

Artikel 3

(1) Bei der Anwendung des Artikels 2 Abs. 1 auf Paletten, die auf Grund einer Vereinbarung gemeinschaftlich genutzt werden, verzichtet jede Vertragspartei bei der Ein- und Ausfuhr auf die Vorlage eines Zollpapiers und auf eine Sicherheitsleistung für die Eingangsabgaben, wenn die Vereinbarung vorsieht, daß die daran Beteiligten

a) untereinander von Land zu Land Paletten des gleichen Typs bei internationalen Warentransporten austauschen,

b) nach Palettentypen getrennt über die Anzahl der auf diese Weise von Land zu Land ausgetauschten Paletten Buch führen und

c) sich verpflichten, innerhalb einer bestimmten Frist einander Paletten der einzelnen Typen in der Zahl zu liefern, die erforderlich ist, um die Salden der so eingeführten Konten in regelmäßigen Zeitabständen zweiseitig oder mehrseitig auszugleichen.

(2) Absatz 1 gilt nur, wenn

a) die Paletten mit einem Kennzeichen versehen sind, das dem in der Vereinbarung über die gemeinschaftliche Nutzung vorgesehenen entspricht, und

b) die Vereinbarung über die gemeinschaftliche Nutzung den Zollverwaltungen der beteiligten Vertragsparteien zugeleitet worden ist und diese sie anerkannt haben, weil sie die Palettentypen für genügend bestimmt und die ordnungsmäßige Ausführung der Vereinbarung für hinreichend gesichert halten.

Artikel 4

Jede Vertragspartei behält sich vor, die nach den Vorschriften ihres Landes zu zahlenden inneren Abgaben und gegebenenfalls Eingangsabgaben für Paletten zu erheben, die Gegenstand eines Kaufes oder ähnlichen Vertrages mit einer Person sind, die in ihrem Gebiet wohnhaft oder ansässig ist. Außerdem behält sich jede Vertragspartei vor, für Paletten, die nach diesem Übereinkommen ausgeführt werden, die Rückerstattung von Abgaben und die volle oder teilweise Gewährung sonstiger für die Ausfuhr etwa vorgesehener Vergünstigungen zu verweigern.

Artikel 5

Dieses Übereinkommen schließt nicht aus, daß für die Ein- und Ausfuhr von Paletten Erleichterungen gewährt werden, die über die im Übereinkommen vorgesehenen hinausgehen.

Kapitel II

Schlußbestimmungen

Artikel 6

(1) Mitgliedstaaten der Europäischen Wirtschaftskommission und Staaten, die bei der Kommission in beratender Funktion gemäß den Bestimmungen von § 8 der Kommissionsregeln zugelassen sind, können Vertragsparteien des vorliegenden Übereinkommens werden, indem sie

a) es unterzeichnen;

b) es ratifizieren, nachdem sie ihre Unterschrift vorbehaltlich einer späteren Ratifikation geleistet haben;

c) ihm beitreten.

(2) Staaten, die entsprechend den Bestimmungen von § 11 der Kommissionsregeln nur an bestimmten Aktivitäten der Europäischen Wirtschaftskommission teilnehmen, können nach Inkrafttreten des Übereinkommens durch Beitritt Vertragsparteien werden.

(3) Das vorliegende Übereinkommen liegt bis einschließlich 31. März 1961 zur Unterschrift auf. Nach diesem Tag steht es zum Beitritt offen.

(4) Die Ratifikation oder der Beitritt erfolgt durch Hinterlegung einer Urkunde beim Generalsekretär der Vereinten Nationen.

Artikel 7

(1) Das vorliegende Übereinkommen tritt neunzig Tage nach jenem Tag in Kraft, an dem fünf der in Artikel 6, Punkt 1 genannten Staaten es vorbehaltlos unterzeichnet oder die Urkunde der Ratifikation oder des Beitrittes hinterlegt haben.

(2) Für jene Staaten, die diesem Übereinkommen beitreten, nachdem es bereits durch fünf Staaten ohne Vorbehalt einer Ratifikation unterzeichnet worden ist oder nachdem die Urkunden der Ratifikation oder des Beitrittes hinterlegt wurden, tritt es neunzig Tage nach Hinterlegung ihrer Ratifikations- oder Beitrittsurkunde in Kraft.

Artikel 8

(1) Jede Vertragspartei kann dieses Übereinkommen durch Notifizierung an den Generalsekretär der Vereinten Nationen kündigen.

(2) Die Kündigung wird 15 Monate nach dem Eingang der Notifizierung beim Generalsekretär wirksam.

Artikel 9

Dieses Übereinkommen tritt außer Kraft, falls die Zahl der Vertragspartner nach Inkrafttreten über einen Zeitraum von 12 Monaten weniger als fünf betragen sollte.

Artikel 10

(1) Jeder Staat kann bei Hinterlegung seiner Ratifikations- oder Beitrittsurkunde oder zu jedem späteren Zeitpunkt durch Notifizierung dem Generalsekretär der Vereinten Nationen gegenüber erklären, daß dieses Übereinkommen für alle oder für einen Teil der Hoheitsgebiete gelten soll, deren internationale Beziehungen er wahrnimmt. Das Abkommen wird für das Gebiet oder die Gebiete, die in der Notifikation genannt sind, am 90. Tage nach Eingang der Notifikation beim Generalsekretär oder, falls das Abkommen dann noch nicht in Kraft getreten ist, mit seinem Inkrafttreten wirksam.

(2) Jeder Staat, der nach dem vorher genannten Punkt erklärt hat, daß dieses Übereinkommen auf ein Hoheitsgebiet Anwendung findet, dessen internationale Beziehungen er wahrnimmt, kann das Übereinkommen in bezug auf dieses Hoheitsgebiet gemäß Artikel 8 kündigen.

Artikel 11

(1) Jede Meinungsverschiedenheit zwischen zwei oder mehreren der Vertragsparteien über die Auslegung oder die Anwendung dieses Übereinkommens soll — soweit dies möglich erscheint — durch direkte Besprechungen beigelegt werden.

(2) Jede Meinungsverschiedenheit, die nicht im Verhandlungswege beigelegt werden konnte, ist einem Schiedsspruch zu unterwerfen, falls eine der in die Meinungsverschiedenheit verwickelten Vertragsparteien dies fordert; sie ist einem oder mehreren von den Parteien einvernehmlich namhaft gemachten Schiedsrichtern vorzulegen. Sofern binnen drei Monaten vom Tage der erhobenen Forderung, den Fall einem Schiedsspruch zu unterwerfen, die Parteien sich nicht über die Wahl eines oder mehrerer Schiedsrichter einigen konnten, kann jede der Parteien den Generalsekretär der Vereinten Nationen ersuchen, einen Einzelschiedsrichter zu ernennen, dem der Fall zur Entscheidung vorgelegt wird.

(3) Die Entscheidungen des oder der Schiedsrichter, sofern sie gemäß den Bestimmungen des vorher genannten Punktes ernannt wurden, sind für die in den Meinungsstreit verwickelten Vertragsparteien bindend.

Artikel 12

(1) Jede Vertragspartei kann bei der Unterzeichnung, bei der Ratifikation oder bei dem Beitritt zu diesem Übereinkommen erklären, daß sie sich durch die Punkte 2 und 3 des Artikels 11 dieses Übereinkommens nicht gebunden fühlt. Die anderen Vertragsparteien sind gegenüber jeder Vertragspartei, die einen solchen Vorbehalt gemacht hat, durch die genannten Punkte nicht gebunden.

(2) Jede Vertragspartei, die einen Vorbehalt nach Punkt 1 gemacht hat, kann diesen Vorbehalt jederzeit durch Notifizierung an den Generalsekretär zurückziehen.

(3) Mit Ausnahme des in Punkt 1 dieses Artikels genannten Vorbehalts sind andere Vorbehalte nicht zulässig.

Die restlichen Schlußartikel 13 bis 16 des Übereinkommens betreffen Verfahrensfragen, wie sie in allen ähnlichen unter der Ägide der Vereinten Nationen abgeschlossenen Abkommen, Übereinkommen und Verträgen enthalten sind. Da sie materiell nicht mit dem Inhalt dieses spezifischen Übereinkommens in direktem Zusammenhang steht, erübrigt sich hier eine wortgetreue Wiedergabe.

c) Sachlicher Geltungsbereich und Verfahren

Wie sich aus Art. 2 und 3 ergibt, bezieht sich das Zollübereinkommen auf alle Paletten, die der Definition in Art. 1 Abs. 1 Buchstabe b entsprechen. Poolpaletten werden allerdings gemäß Art. 3 insofern bevorzugt, als für sie bei einem Transport in ein dem internationalen Palettenpool angeschlossenes Land auf die Vorlage eines Zollpapiers verzichtet wird. Dies ist hier ohne weiteres möglich, weil die Paletten bahneigene Lademittel sind, also in keinem Falle Ware sein können, da

1. die Eisenbahnverwaltungen den Ein- und Ausgang der Paletten laufend überwachen und monatlich zahlenmäßig ausgleichen und
2. die zollfreie Ein- und Ausfuhr neuer Paletten zur Bestandserhöhung in eines der beteiligten Wirtschaftsgebiete ausgeschlossen ist.

Demgegenüber bedarf es bei sonstigen Paletten für die Abgabebefreiung des Nachweises, daß die Paletten im Augenblick der Einfuhr nicht Gegenstand eines Kauf- oder ähnlichen Vertrages sind (Art. 4). Wird dieser Nachweis nicht erbracht, so werden die Paletten als Warenumschließung, also als zum Warenwert hinzuzurechnende Verpackungsmittel behandelt. Je nach Wertstaffel des Gutes von 4 bis 35 % ist eine derartige Berechnung für Paletten äußerst ungünstig.

Das Übereinkommen über die Zollbehandlung enthält leider keine einheitliche Regelung für die praktische Durchführung der Grenz-Zollmanipulation. Zwar legt Art. 2 Abs. 2 fest, daß das Verfahren über die Einfuhr von Paletten durch Bestimmungen der einzelnen Vertragsstaaten geregelt wird. Weiter heißt es in Art. 2 Abs. 3, daß sich die Vertragspartner bemühen sollten, die Formalitäten so einfach wie möglich zu gestalten und insbesondere auf jede Sicherstellung für Import- und Zollgebühren zu verzichten. Absicht dieser vorsichtigen Formulierung war es, nicht in die internationale Zollgesetzgebung der Vertragsstaaten einzugreifen.

Sicherlich wäre es aber zweckmäßig gewesen, wenn gleichzeitig, ähnlich wie beim Eisenbahnpool, auch ein Verfahren für eine einheitliche Grenz-Zollmanipulation festgelegt worden wäre.

XVIII. Beförderungsteuer für Paletten im Werkfernverkehr

Die besondere Umschließung für den Versand gehört zum Rohgewicht des beförderten Gutes (§ 19 Abs. 3 BefStDV); deshalb kommen dafür bei der Berechnung der Beförderungsteuer die Ermäßigungen des § 11 Abs. 2 BefStG in Betracht. Auf einer Palette (Flach-, Gitter- oder Boxpalette) werden die zu befördernden Güter aufgestapelt. Sie dient als Hubunterlage. Damit wird in erster Linie ein wirtschaftliches Be- und Entladen des Fahrzeuges bezweckt. Der Unternehmer befördert regelmäßig auch das Leergut zurück.

Die Finanzverwaltung hatte ursprünglich die Auffassung vertreten, daß Paletten, die bei der Beförderung, z. B. von Mineralwasserflaschen, als Unterlagen verwendet wurden, keine gebrauchten Packmittel im Sinne des § 11 Abs. 2 Nr. 2 BefStG sind. Der Bundesfinanzminister hat jedoch nach Mitteilung des Deutschen Industrie- und Handelstages in einem Erlaß vom 15. 1. 1962 ausgeführt, daß Paletten als Ladegeräte dann als „besondere Umschließungen für den Versand" im Sinne des § 19 Abs. 3 BefStDV anzusehen sind, wenn sie ihrer Zweckbestimmung entsprechend als Unterlage für das zu befördernde Gut dienen. Das Gewicht der Palette ist ein Teil des Rohgewichtes des beförderten Gutes, zu dessen besonderer Umschließung sie für den Versand gehört. Die Palette ist infolgedessen kein selbständiges Gut, das neben den in Flaschen oder Kisten verpackten Mineralwasserflaschen befördert wird. Die Steuerbegünstigung nach § 11 Abs. 2 Nr. 2 b BefStG ist demnach gegeben.

Weiter tritt bei der Rückbeförderung der gebrauchten Paletten, soweit die Steuerberechnung in Betracht kommt, an die Stelle des Rohgewichtes das halbe wirkliche Gewicht (§ 19 Abs. 3 Satz 3 BefStDV). Der Unternehmer kann für ihre Beförderung also sowohl die Steuervergünstigung aus der vorstehend genannten Vorschrift als auch aus dem letzten Satz des § 19 Abs. 3 BefStDV beanspruchen[1]).

Leere Paletten, die nicht als besondere Umschließungen für den Versand eines beförderten Gutes anzusehen sind, stellen dagegen ein selbständiges Beförderungsgut dar und sind als Ladegeräte zu behandeln (z. B. neue Paletten, die vom Produzenten zum Verwender transportiert werden). Steuervergünstigungen kommen daher in diesem Falle nicht in Betracht.

[1]) Fischers Tarif-Nachrichten, Februar 1962, S. 3; Berliner Wirtschaft vom 11. 5. 1962.

XIX. Paletten im kombinierten Verkehrsablauf

Die Einführung der Palette verlangte nicht nur tarifarische Neuordnungen, wie sie in den vorstehenden Kapiteln beschrieben wurden, sondern erforderte ebenfalls eine technische Umstellung. Sowohl bei der Lagerung als auch im Umschlag mußten neue Hilfsmittel erfunden werden, die die Vorteile der Palette voll zur Geltung bringen. Das gleiche galt für die zweckmäßige und sichere Stapelung in den Verkehrsmitteln. Im folgenden sind die wesentlichen Erkenntnisse, die bisher auf diesem Sektor gewonnen werden konnten, wiedergegeben.

1. Stapelung im Waggon

Die Bundesbahn hat für die Stapelung von Paletten in Waggons Staupläne entwickelt, die nicht nur die Anordnung der Paletten im Verkehrsmittel aufzeigen, sondern ebenfalls die Reihenfolge des Be- und Entladens kennzeichnen. Auf den beiden folgenden Seiten sind diese Staupläne abgebildet[1]).

2. Palettenverwendung im Lkw-Verkehr

Über die zweckmäßige Stapelung von Paletten im Lkw hat die Studiengesellschaft für den kombinierten Verkehr e. V. in ihrem Mitteilungsblatt nachstehende Übersicht veröffentlicht[2]).

Paletten									
Stapelmaße		840/1240		800/1200		1040/1240		1000/1200	
Lademaße		800/1200		760/1160		1000/1200		960/1160	
Lkw-Verladung (Ladebreite 2400 mm)									
Lkw									
Ladelänge	m	4,8	7,0	4,8	7,0	4,8	7,0	4,8	7,0
Ladefläche	m²	11,5	16,8						
Paletten									
quer		5	8	12	16	4	6	8	14
Fläche	m²	7,68	12,48	10,58	14,10	8,40	13,20	8,95	15,68
längs		3	5	—	—	3	5	—	—
Lkw-Flächennutzung	%	67	74,5	92	83,5	73	78,5	78	93,5
Längsabstände bei Stapelung									
quer	mm	100	31	0	66	128	110	160	0
längs	mm	270	133	—	—	270	135	—	—
Abstände in Lkw-Breite	mm	106	106	0	0	40	40	0	0
Arbeitsaufwand	%	100	100	109	109	80	80	86	86

[1]) Beiblatt zum Transportberater Nr. 13 vom Februar 1961.

[2]) Der kombinierte Verkehr Nr. 11, 12/1960, S. 96.

Bauart-nummer	Wagengattung	Bemerkungen	Stauplan für die Palettengröße 800 x 1200 mm (Die Zahlen stellen die zweckmäßigste Ladefolge dar)
10	G, Gh, Geh, Gr	16 und 17 mit Hand-Gabelhubwagen einsetzen!	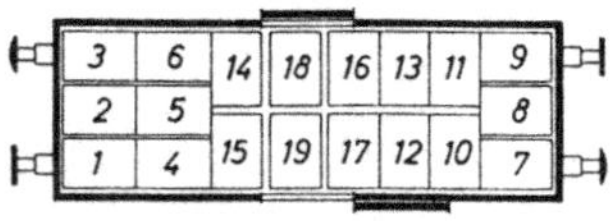
20, 30	G, Gh, Geh, Gr, Grh, Greh, Gm, Gmh, Gmhs, Gms, Gmr, Gmrs, Gmrhs, Gmehs, Gmehhs, Gmhhs, Gmrhhs	16 und 17 mit Hand-Gabelhubwagen einsetzen!	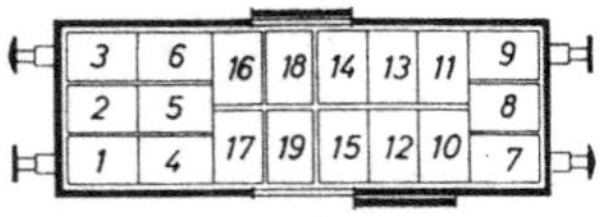
31	Gh, Gr, Grs, Grhs, Grehs, Grh, Greh	17 und 18 mit Hand-Gabelhubwagen einsetzen!	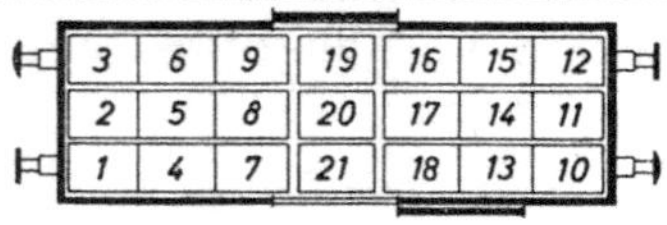
35, 39	Gmh, Gmhs, Gm, Gms	17 und 18 mit Hand-Gabelhubwagen einsetzen!	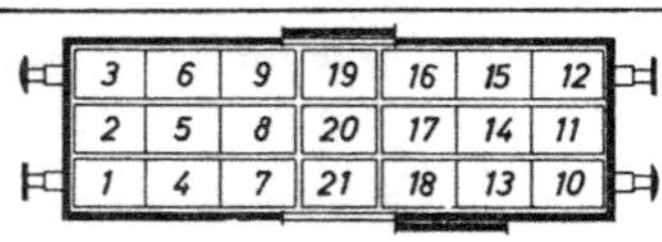
44	Gmms	20 mit Hand-Gabelhubwagen einsetzen!	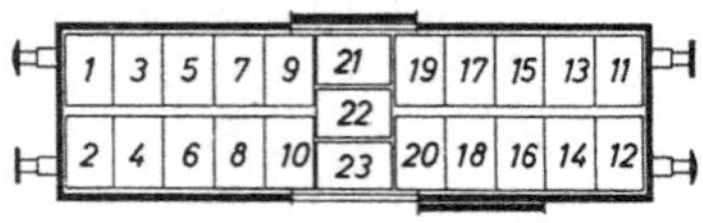
45, 53, 54, 56	Gms, Gmhs, Gmmhs	15 und 17 mit Hand-Gabelhubwagen einsetzen!	
11, 22, 23, 25, 26, 28, 38, 46	Gl, Glh, Glr, Glhs, Glmr, Glmrhs, Glmrehs, Glt, Gltr, Gltmhs	23 und 24 mit Hand-Gabelhubwagen einsetzen!	
50	Glmhs, Glmehs	23 und 24 mit Hand-Gabelhubwagen einsetzen!	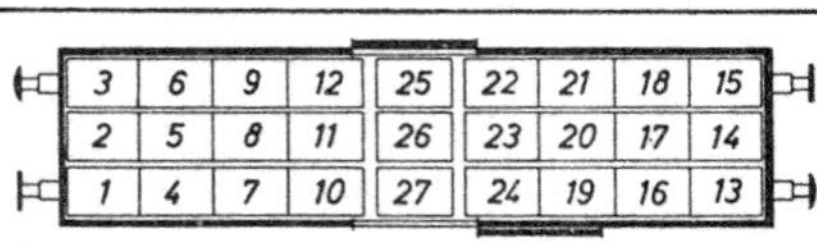
43	GGths	34 mit Hand-Gabelhubwagen einsetzen!	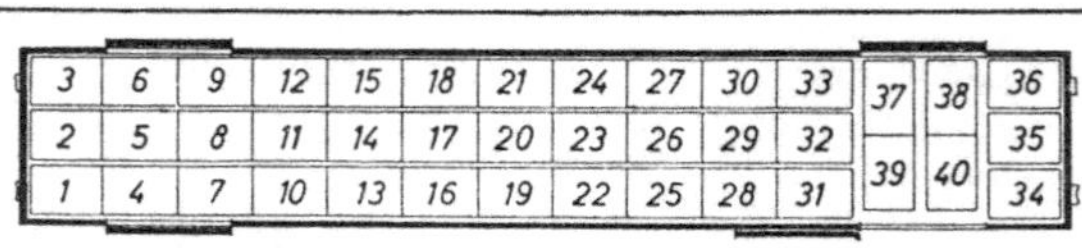
58	Kmmgks	Laden durch beide Türen; 11 und 12 von der Schmalseite fassen!	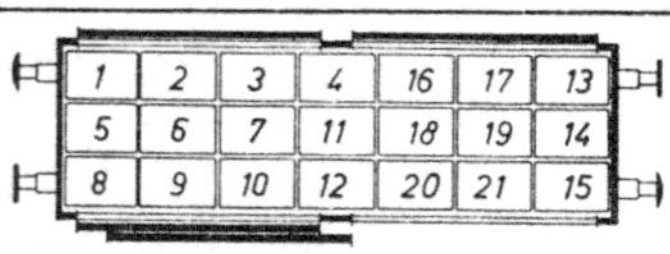
66	Klmmgks	Laden durch beide Türen; 15, 16 u. 17 von der Schmalseite fassen!	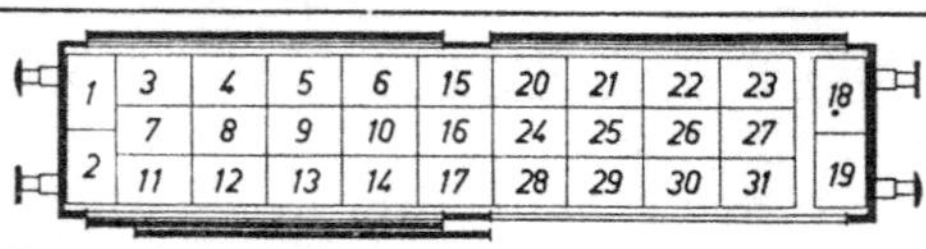

Bauart-nummer	Wagengattung	Bemerkungen	Stauplan für die Palettengröße 1000 x 1200 mm (Die Zahlen stellen die zweckmäßigste Ladefolge dar)
10	G, Gh, Geh, Gr	11 und 12 mit Hand-Gabelhub-wagen einsetzen! 13 und 14 auch längs einsetzbar.	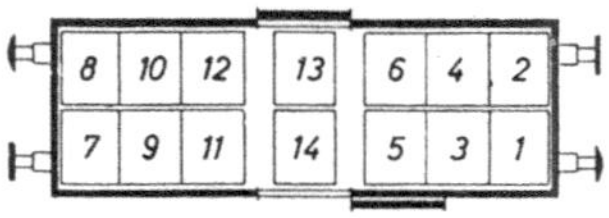
20, 30	G, Gh, Geh, Gr, Grh, Greh, Gm, Gmh, Gmhs, Gms, Gmr, Gmrs, Gmrhs, Gmehs, Gmehhs, Gmhhs, Gmrhhs	11 und 12 mit Hand-Gabelhub-wagen einsetzen! 13 und 14 auch längs einsetzbar.	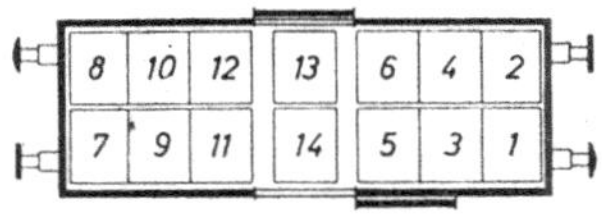
31	Gh, Gr, Grs, Grhs, Grehs, Grh, Greh	13 und 14 mit Hand-Gabelhub-wagen einsetzen! 15 und 16 auch längs einsetzbar.	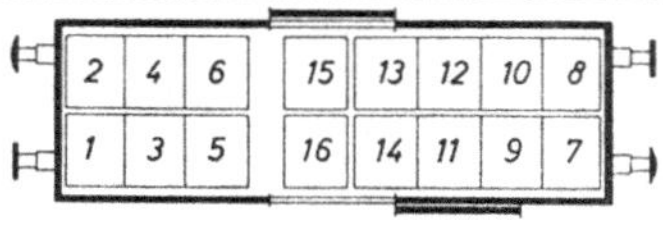
35, 39	Gmh, Gmhs, Gm, Gms	13 und 14 mit Hand-Gabelhub-wagen einsetzen! 15 und 16 auch längs einsetzbar.	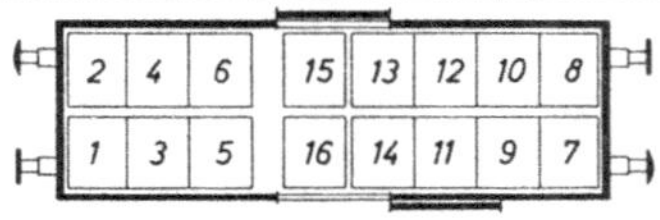
44	Gmms	15 und 16 mit Hand-Gabelhub-wagen einsetzen!	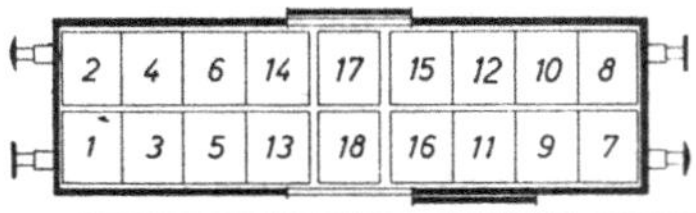
45, 53, 54, 56	Gms, Gmhs, Gmmhs	15 und 16 mit Hand-Gabelhub-wagen einsetzen!	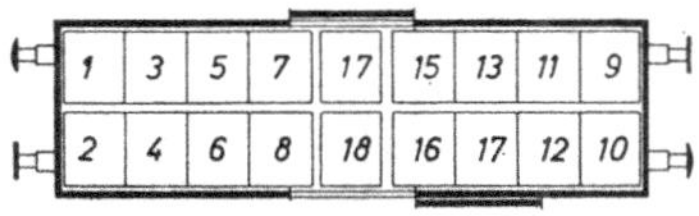
11, 22, 23, 25, 26, 28, 38, 46	Gl, Glh, Glr, Glhs, Glmr, Glmrhs, Glmrehs, Glt, Gltr, Gltmhs	17 und 18 mit Hand-Gabelhub-wagen einsetzen! 19 und 20 auch längs einsetzbar.	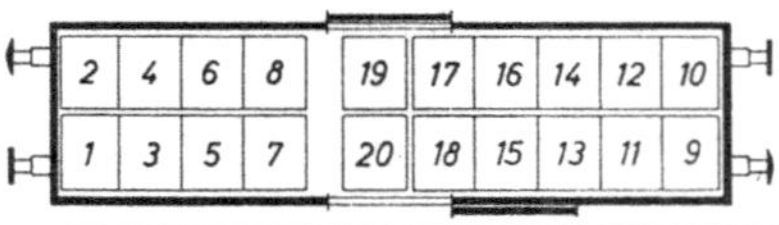
50	Glmhs, Glmehs	18 und 21 mit Hand-Gabelhub-wagen einsetzen!	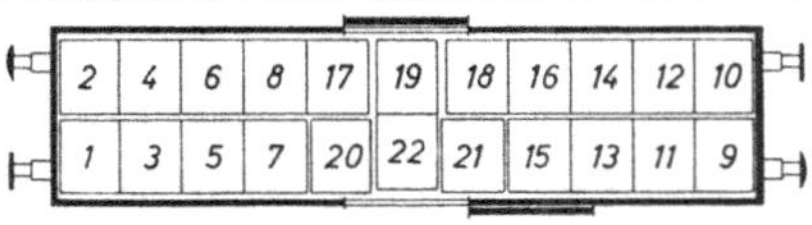
43	GGths	31 mit Hand-Gabelhubwagen einsetzen!	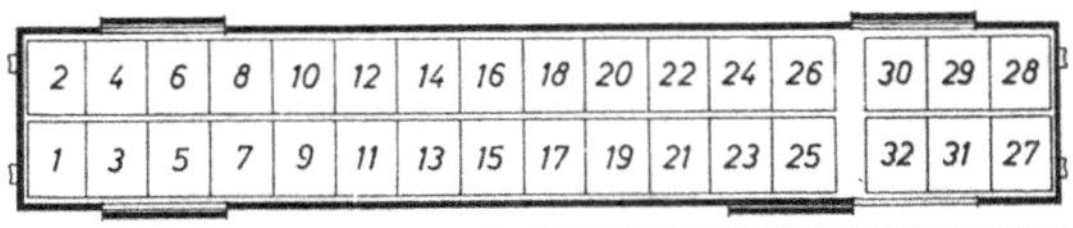
58	Kmmgks	15 und 16 auch quer möglich. Beladung über Rampe zweck-mäßig nur durch eine Tür!	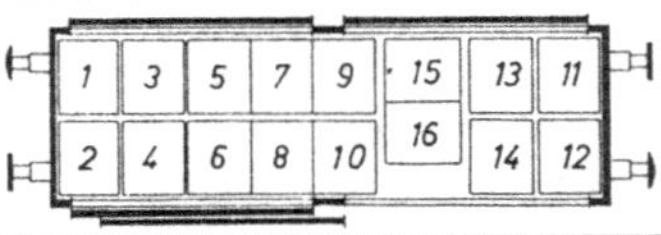
66	Klmmgks	19 und 24 auch quer möglich. Beladung über Rampe zweck-mäßig nur durch eine Tür!	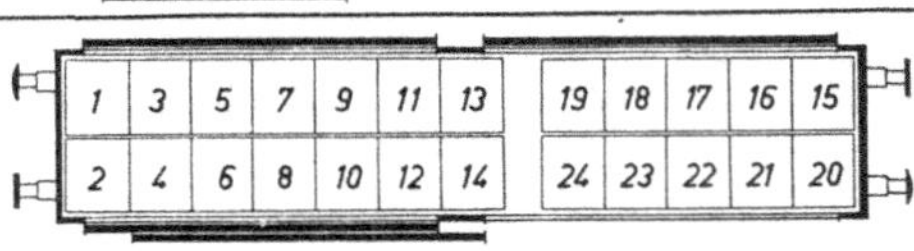

Die Studiengesellschaft hat sich sehr eingehend mit der Frage der Abstimmung der Lkw-Maße auf die Palettenmaße befaßt. Nachstehend einige Beispiele der Staupläne für Nah- und Fernverkehrsfahrzeuge[1]).

Fahrzeugart	Größtmögliche Palettenanzahl	Erforderliche Ladelänge in m	Palettengewicht in kg bei voller, $^2/_3$, $^1/_3$ gewichtsmäßiger Auslastung		
			$^3/_3$	$^2/_3$	$^1/_3$
Nahverkehr					
Lkw mit absenkbarer Ladepritsche					
1. Lkw 1,5 t, lichte Ladebreite 1250—1580 mm	4	3,30	350	200	100
2. Lkw 3 t, lichte Ladebreite 1250—1500 mm	4	3,30	700	450	200
3. Lkw 3 t, lichte Ladebreite 1650—1730 mm	6	3,70	450	300	150
4. Lkw 1,5 t, lichte Ladebreite 1250—1580 mm	8	3,50	150	—	—
5. Lkw 3 t, lichte Ladebreite 1250—1650 mm	8	3,50	350	200	100
6. Lkw 3 t, lichte Ladebreite 1715—1730 mm	12	3,80	200	150	—
Fernverkehr					
Lastzug Triebwagen	14	5,75	800	550	300
Lastzug Anhänger	16	6,60	850	550	300
Sattelzug	30	12,30	750	500	250

In verschiedenen Zeitschriften und auch auf der Internationalen Automobilausstellung in Frankfurt a. M. 1961 wurden wiederholt besonders für den Palettenverkehr konstruierte Lkw-Typen vorgestellt. Der Firma Vidal gelang eine Erweiterung der lichten Ladebreite auf 2,42 m durch die Entwicklung eines neuen Bordwandverschlusses, der keine über die Bordwand überstehenden Teile hat[2]). Trotzdem dürfte es bei 2 cm Spielraum in der Praxis noch sehr schwierig sein, zwei Austauschpaletten in der Längsrichtung, also 2 × 1200 mm, nebeneinander zu stapeln. Wie Speditionsfirmen bekanntgeben, müßte an jeder Bordwand wenigstens ein Spielraum von 2 bis 3 cm und der gleiche Abstand zwischen den Paletten verfügbar sein, um ein sicheres Be- und Entladen des palettierten Gutes zu gewährleisten. Eine andere Stapelung würde einen zu großen Laderaumverlust bedingen. Eine

[1]) Mitteilung der Studiengesellschaft für den kombinierten Verkehr, Frankfurt, vom 8. 2. 1962.
[2]) Der kombinierte Verkehr Nr. 11, 12/1961, S. 111/113.

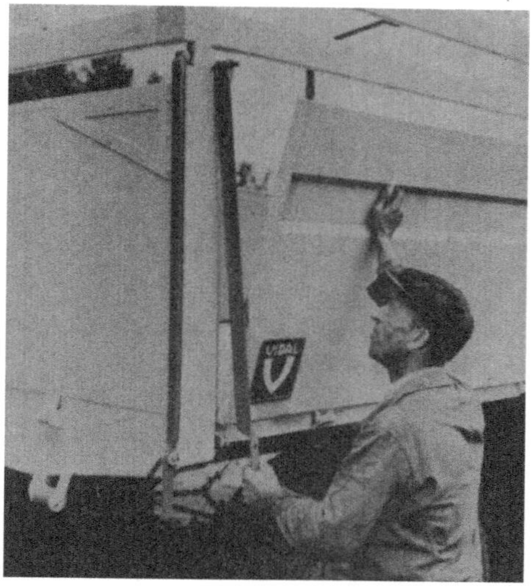

Bordwandverschluß Vidal

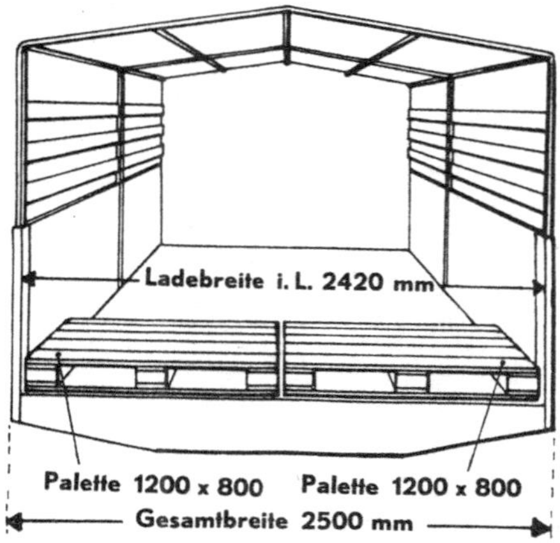

Vidal-Lkw

Abhilfe könnte daher nur durch eine gesetzliche Maßnahme, nämlich durch die Erweiterung der zulässigen Breite von 2,50 m auf mindestens 2,55 m, erreicht werden.

Anläßlich der Mitgliederversammlung der Studiengesellschaft für den kombinierten Verkehr 1963 in Bremen führte die Firma Henschel der Verkehrswirtschaft eine Mehrzweckladebrücke vor. Diese Mehrzweckladebrücke wird für einen 16-t-Lkw geliefert. Sie hat eine Länge von 6100 mm ohne Fernfahrerhaus und von 5500 bis 5600 mm mit Fernfahrerhaus. Die lichte Breite beträgt 2480 mm, so daß zwei Gitterboxpaletten in der Längsrichtung nebeneinander verladen werden können. Diese Verbreiterung der Ladefläche erzielte Henschel durch das Weglassen der Seitenbordwände nach englischem Muster. Der Lastkraftwagen hat schmale, klappbare Bordwandleisten, durch die die Paletten an ihren Füßen gehalten werden. Darüber hinaus wird die Ladung durch Zurrgurte bzw. Planen gesichert (vgl. die Abbildungen[1]) auf der nächsten Seite).

Auch die Firma Eylert stellt einen Sattelauflieger in Kofferform her, der die lichte Ladebreite von 2420 mm hat. Infolge selbsttragender Konstruktion und Verwendung von Leichtmetall und Kunststoffplatten zeichnet er sich durch ein besonders niedriges Eigengewicht von unter 7 t bei einer Nutzlast von 20 t aus. Der Auflieger kann, vorausgesetzt, daß die Paletten alle quer zur Fahrtrichtung gestapelt sind, 26 Poolpaletten aufnehmen. Außerdem kann der Auflieger mit einer Wandisolierung für temperaturempfindliches Gut versehen werden[2]).

---

[1]) Aus Handbuch der Transporttechnik, Deutsche Verkehrs-Zeitung, Hamburg 1963, S. 340.
[2]) Rationeller Transport Nr. 2/1964, S. 52.

Auch der ungeübte Gabelstapler-Fahrer kann die Gitterboxpaletten auf der Mehrzweckladebrücke rasch absetzen.

Klappbare Bordleisten und Zurrgurte aus Nylon geben den Gitterboxpaletten festen Halt nach den Seiten. An der Stirnseite der Ladefläche sind Halterungen zur Aufnahme der Planenspriegel angebracht.

Die Neuschöpfungen werden überall dort zu einem wirtschaftlichen Einsatz beitragen, wo ganze Palettenladungen mit relativ schwerem Transportgut anfallen, vorausgesetzt, daß die Paletten nicht verformt sind und deshalb einen größeren Laderaum beanspruchen. Auf die Dauer gesehen, wird jedoch vermutlich infolge der Tendenz zu leichteren Gütern (Kunststoffe) ein wirtschaftlicher Palettentransport insbesondere auch die Aufeinanderstapelung von zwei Gitterboxpaletten notwendig machen.

Der Umschlag der Paletten erfolgt im Lkw-Verkehr mit Gabelstapler und Hubwagen. Während Hubwagen mehr bei Rampenlager Verwendung finden, fährt der Gabelstapler vom Lkw-Standniveau an das Fahrzeug heran.

Für den Stadtverkehr eignen sich die ursprünglich für die Kleinbehälter entwickelten Behälterspezialfahrzeuge oder die Kraftfahrzeuge mit absenkbarer Rückbordwand. Das Behälterspezialfahrzeug kann die gesamte Ladefläche bis auf den Boden absenken[1]). Für die Fahrt wird der Lkw-Boden hydraulisch angehoben. Beim Normal-Kfz übernimmt die Hubladebrücke den Vertikaltransport[2]).

Eine Erleichterung für den Umschlag von palettiertem Gut auf und vom Lkw bietet der Joloda-Palettenroller[3]). Im Boden des Arbeitswagens sind zwei Nuten (U-Spezialprofile) aus Blech gezogen. Sie werden entweder mittels eines zweiten Bodens eingelegt oder nur durch Roste gehalten.

In diesen Nuten laufen zwei Joloda-Palettenroller, die mechanisch angehoben oder gesenkt werden können. Im angehobenen Zustand sind sie höher als die Lastwagenoberfläche, abgesenkt sind sie niedriger und verschwinden im Nut (siehe unterer Teil der Abbildung). Die Palette wird mit Hubwagen über Überladebrücken, mit Gabelstaplern oder dergleichen an den Lkw gefahren und direkt an der Ladeflächenkante abgesetzt, so daß sie gleichmäßig verteilt über zwei Nuten zu ruhen kommt. Der Transport kann auch über eine hydraulische Ladebühne erfolgen, die auch schon mit U-Nuten ausgerüstet ist. Je nach Breite der Paletten oder Breite des Lastwagens besteht die Möglichkeit, den Lastwagenboden nur mit zwei Nuten (bei zwei Paletten nebeneinander mit vier Nuten) oder bei besonders langen bzw. breiten Paletten mit drei Nuten auszurüsten. Nun werden die Joloda-Palettenroller in die U-Nute unter die Palette eingeschoben und durch Hebelmechanismus angehoben. Dadurch hebt sich die Palette vom Boden ab und kann mittels der Palettenroller bis an das hintere Ende des Lkw gerollt werden. Dort werden die Palettenroller wieder abgesenkt, die Palette legt sich auf die Lkw-Ladefläche, und die Palettenroller können herausgezogen und nach vorn genommen werden. Das Absenken geht mechanisch so sanft vor sich,

[1]) Der Fahrzeugtyp wird z. B. hergestellt von: Anton Ruthmann, Gescher/Westf.; Wumag, Krefeld-Linn; Eylert, Wuppertal-Sonnborn.

[2]) Ladebordwände werden u. a. gefertigt von: F. X. Müller, München; Toussaint & Hess, Düsseldorf.

[3]) Hersteller: Karl H. Bartels KG, Transportgeräte- und Behälterfabrik, Hamburg-Schenefeld, Altonaer Chaussee 14.

Joloda-Palettenroller

daß auch zerbrechliches Gut unbeschädigt manipuliert werden kann. Handbetätigte oder mechanische Bremsen verhindern im übrigen, daß die Palettenroller mit Ladung in die Bordwand rutschen. Die Betätigung des Hebemechanismus geschieht durch eine einfache abnehmbare Metallstange.

Neben Paletten mit unteren Querleisten (Norm) oder Balken (zwei Wege) können auch solche mit Füßen transportiert werden. Dann wird ein Joloda-Palettenroller mit Griffklauen und größerer Bauhöhe ausgerüstet.

3. Palettenverwendung im Schiffsverkehr

Die Seeschiffahrt hat ebenfalls einige Umstellungen für den besseren Transport von Paletten vorgenommen. So baute die Reederei Fred Olsen & Co. ihren Frachter „Borre" (1528 t dw) speziell für die Aufnahme palettierter Güter, um die Umlaufzeiten zu verringern. Das Schiff verkehrt zwischen Norwegen und den Häfen des Kontinents[1]).

Anfang 1961 berichtete die Zeitschrift „Der kombinierte Verkehr"[2]) sehr eingehend über die Verwendung der Palette im Schiffstransport. Vor allen

[1]) Deutsche Verkehrs-Zeitung Nr. 89/1962, S. 7.

[2]) Der kombinierte Verkehr Nr. 3, 4/1961, S. 41.

Dingen wandte sie sich hier nicht an die hauptsächlich Massengut befördernde Binnenschiffahrt, sondern an die Seeschiffahrt. So heißt es dort unter anderem: „Sowohl im Interesse der Sicherheit des Gutes als auch der des Schiffes muß das Stauen so vorgenommen werden, daß eine gute Kohäsion aller Teile der Ladung gewährleistet ist, um jede Möglichkeit des Verrutschens infolge der Bewegungen des Schiffes auf dem Meere bei schlechtem Wetter von vornherein auszuschalten. Am größten ist die Rutschgefahr in der Querrichtung des Schiffes; aber auch in der Längsrichtung muß eine feste Verstauung vorgesehen sein, insbesondere in den Räumen an den äußersten Enden des Schiffes, die den Auswirkungen des Stampfens stärker ausgesetzt sind.“

Zwischen Hamburg und Finnland wird die sogenannte Pallet-Box eingesetzt. Sie besteht aus einer Basis-Platte, auf die je nach Wunsch bis zu acht Aufsätze à 0,20 m gesetzt werden können. Die Aufsätze fassen an den Eckscharnieren übereinander. Den Abschluß bildet ein Deckel aus Holz mit Stahlrahmen. Die Stahlbänder halten Palette, Aufsetzrahmen und Deckel zusammen, so daß die Stabilität einer gewöhnlichen seemäßigen Transportkiste erreicht wird, die individuelles Transportgut aufnehmen kann.

Zusammenbau einer Pallet-Box

Der horizontale Transport zum Stauplatz erfolgt meistens durch leichte Gabelstapler, die mit einer Vorrichtung zur seitlichen Verschiebung der Gabeln versehen sind. Wichtig für ein sicheres und schnelles Verstauen ist, daß von vornherein der Platz für das Gut bestimmt wird, die Art bekannt ist, in der die palettierte Sendung übergeben werden soll, und ein genügender Raum für die Transportgänge frei bleibt.

Mehr Schwierigkeiten als der Landumschlag durch Gabelstapler, Hubwagen und andere Geräte verursacht der Palettenumschlag von Land- auf Wasserfahrzeuge und umgekehrt. Hier ist der Kran das wichtigste Verbindungsglied. Die Kombination Palette — Kran bedingt vor allem die Entwicklung eines zweckmäßigen Krangeschirres. Die nachstehende Abbildung gibt eine Konstruktion wieder, wie sie im Binnenverkehr Verwendung findet.

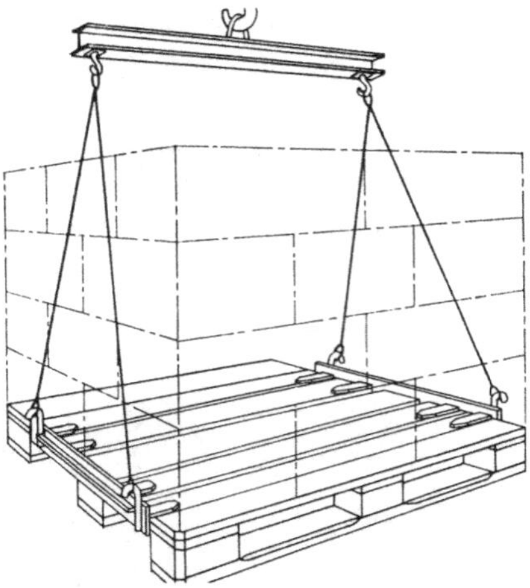

Krangeschirr

Die Hamburger Hafen- und Lagerhaus AG z. B. verwendet nach wie vor die für den Umschlag Schiff/Kai und Kai/Schiff bewährte Hafenpalette der Größe 1000 × 1600 mm oder auch die internationale Stauerpalette (1200 × 1800 mm). Dies bedingen schon die im allgemeinen auf 3 t ausgelegten Hafenkräne. Beim Umschlag werden die Poolpaletten 800 × 1200 mm auf die Stauerpaletten gesetzt[1]). In dieser Kombination kann das von der Gesellschaft verwendete Krangeschirr ohne weiteres eingesetzt werden.

Anstelle von Krangeschirren kommen auch bereits häufig Krangabeln etwa in der hier gezeigten Ausführung zum Einsatz. Diese Krangabel verfügt über ein Armpaar, das an Federn aufgehängt ist. Dadurch braucht der Kran nicht in die genaue Höhe eingefahren zu werden, sondern kann auch bei geringen Höhenabweichungen unter die Palette geschoben oder unter einer solchen herausgezogen werden[2]).

[1]) Hamburger Hafennachrichten und Schiffsabfahrten Nr. 41/1961.

[2]) Templewood-Krangabel, Heinrich de Fries GmbH, Düsseldorf.

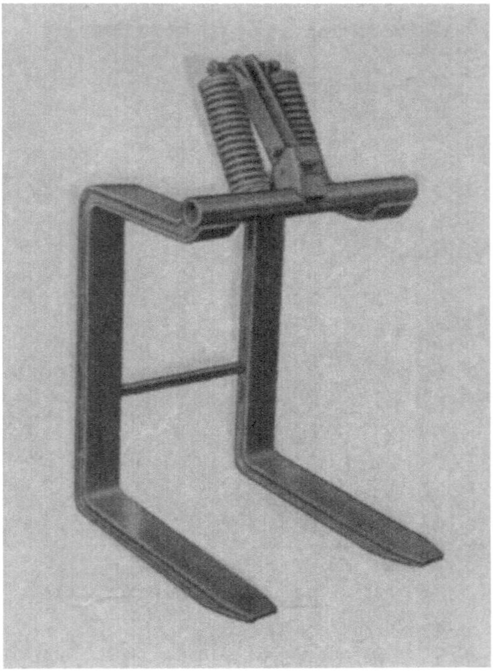

Krangabel

Trotz der vielen Versuche, die mit der Verwendung von Paletten im Schiffsverkehr unternommen wurden, konnte dieses Belademittel noch keine grundlegende Bedeutung in diesem Verkehrszweig erreichen.

4. Palettenverwendung im Lufttransport

Im Luftverkehr werden die normalen Flachpaletten oder gar Boxpaletten nur zögernd verwendet. Der Umschlag Flugzeug/Flughafen und umgekehrt bietet noch zu große Schwierigkeiten. Die Entfernungen von den Umschlagshallen bis zu den Maschinen sowie die Stapelhöhe vom Boden bis zur Luke sind zu groß. Normale Gabelstapler rentieren sich nicht. Darum werden heute sogenannte slavepallets, das sind Übergangspaletten, verwendet. Man versteht hierunter große Paletten, die es erlauben, 4 bis 6 normale Paletten nebeneinander zu stapeln. Die Paletten werden nicht mit einem Gabelstapler behandelt, sondern von einem hydraulisch arbeitenden Hubgerät, einem Scherenheber, dessen Plattform der Größe der Übergangspalette entspricht. Diese Übergangspalette, beladen mit palettiertem (auf normalen Flachpaletten) oder nichtpalettiertem Gut, wird mit dem selbstfahrenden Stapelgerät von der Umschlagshalle zum Flugzeug gebracht und

Palettenumschlag im Lufttransport

dort über Rollenbahnen in den Rumpf der Maschine geschoben. Bei diesen Flugzeugen handelt es sich um reine Transportmaschinen, deren Heck abklappbar ist[1]).

5. Sicherung des palettierten Gutes

Über die vorteilhafte Stapelung der Paletten in Waggons und Lkw hinaus müssen die Güter auf oder in der Palette selbst zweckmäßig und sicher untergebracht sein.

Viele Verlader haben zusammen mit den Verkehrsträgern versucht, Mittel für die Sicherung der Ladung auf Paletten zu entwickeln, um bei Transportstößen usw. Verschiebungen des Gutes zu verhindern. Im wesentlichen zielen diese Mittel darauf ab, in Form von Eckenschutzwinkeleisen Beschädigungen zu verhindern und durch Bänder oder Bandagen, die um den gesamten Gutstapel geschlungen werden, den Einzelkolli eine bessere Verbindung untereinander und mit der Palette zu geben. Auf Seite 135 sind derartige Sicherungsmittel abgebildet.

Ferner dienen Gestelle in Form von Aufsetzrahmen (auch Ansteck- und Aufsteckrahmen genannt) der Gutsicherung (Abb. Seite 136 oben links). Sie können aber auch fest an die Palette montiert sein (Abb. Seite 136 oben rechts)[2]).

[1]) Verkehr Wien Nr. 45/1962, S. 1609/1610; Deutsche Verkehrs-Zeitung Nr. 90/1961, S. 5.

[2]) Beide Abbildungen aus: Carl Röper: Palettenpool, Ausgabe 1960.

Kartons, durch Gurt und Eckwinkel gesichert

Gurtsicherungen für Kannen auf Palette

Kombinierte Palettenverzurrung mit Gurten und Netz

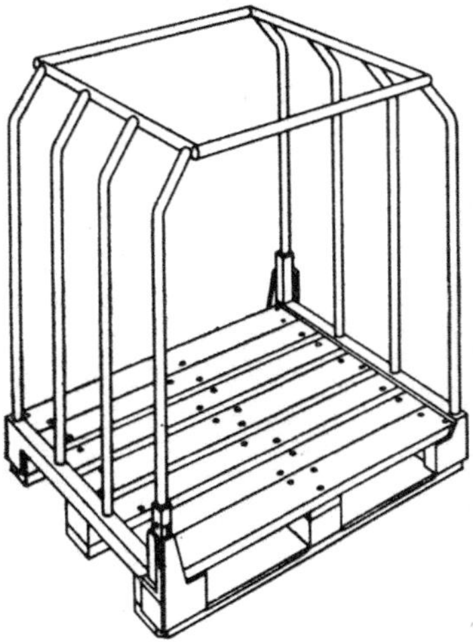

Ansteckrahmen

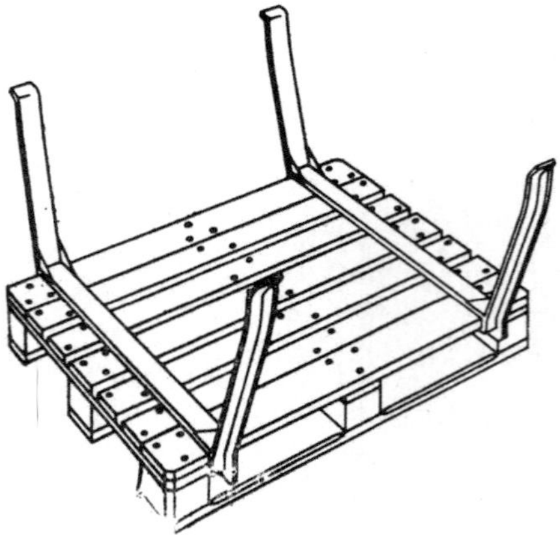

Stahlflaschenhalter

Transportschutzeinrichtungen für Waggons

Darüber hinaus können z. B. Papiersäcke während des Bestapelns auf der Palette miteinander verleimt werden, so daß eine geschlossene Einheit entsteht. Bei Kartonware werden die einzelnen Kolli häufig auch mit einem Klebeband miteinander verbunden[1]).

Um den einzelnen Palettenstapeln einen besseren Halt zu geben, werden etwaige Hohlräume mit Luftkissen oder sonstigem Material ausgefüllt. Notfalls können hierzu auch restliche Paletten verwendet werden.

Die Luftkissen variieren in ihren Abmessungen in den gängigen Größen zwischen 90 und 195 cm Breite bzw. Länge. So gibt es Kissen von 120 × 120, 120 × 180, 90 × 120, 120 × 135 cm. Der Preis liegt etwa zwischen 150 und 400 DM[2]).

Die Bundesbahn hat eine Anzahl von Waggons mit zusätzlichen Transportschutzeinrichtungen versehen. Es handelt sich um im Waggon aufgehängte bewegliche Trennwände und um einen Faltenbalg, in dem sich zwischen zwei Trennwänden ein aufblasbarer Gummisack befindet, der je nach Wunsch Lücken zwischen Paletten ausgleichen kann. Die Trennwände verschmelzen die Kolli mit der Palette zu einer Einheit, mindern die Reibungen bei Transportstößen und verhindern ein Abrutschen des Gutes von Palette zu Palette. Die sonst üblichen Beschädigungen durch Nachrücken und Auseinanderfallen der Paletteneinheiten sind dadurch ausgeschaltet. (Siehe Abbildung Seite 136 unten.)

6. Stapelung in Lagerhäusern und Umschlagshallen

Besonders bei der Errichtung neuer Lagerhäuser und Umschlagshallen wird immer wieder die Frage aufgeworfen, wie der modernen Umschlagstechnik, insbesondere mit Paletten und Gabelstaplern, am besten Rechnung getragen wird. In der Zeitschrift „DB-Kundenbrief" wird ein ausgezeichnetes Beispiel für eine Konstruktionsüberlegung beim Bau eines Palettenlagers gegeben[3]) (siehe Abbildung Seite 138).

Auch das Buch „Heben — Fahren — Stapeln"[4]) hat sich mit dieser Frage eingehend befaßt. Auf den Seiten 140 und 141 sind die instruktivsten Platzverteilungssysteme wiedergegeben.

Neben der Stapelung Palette auf Palette werden Regale eingesetzt. Diese Regale haben meist vier Etagen, die je eine Palette aufnehmen können. Sie werden bei solchen Gütern verwendet, die auf Grund ihrer Beschaffen-

---

[1]) Transportberater Nr. 16/1961, S. 1—4.

[2]) Hersteller von Luftkissen:
Deutsche Dunlop Gummi Compagnie AG, 645 Hanau, Dunlopstr. 2.
Metzeler Gummiwerke AG, 8 München, Westendstr. 131.
Continental Gummi-Werke AG, 3 Hannover, Königsw. Platz 1.
Hanseatische Rettungsgeräte Fabrik, 2 Hamburg 11, Ost-West-Str. 25.

[3]) DB-Kundenbrief Nr. 7/1961.

[4]) Stein: Heben — Fahren — Stapeln, S. 88 ff.

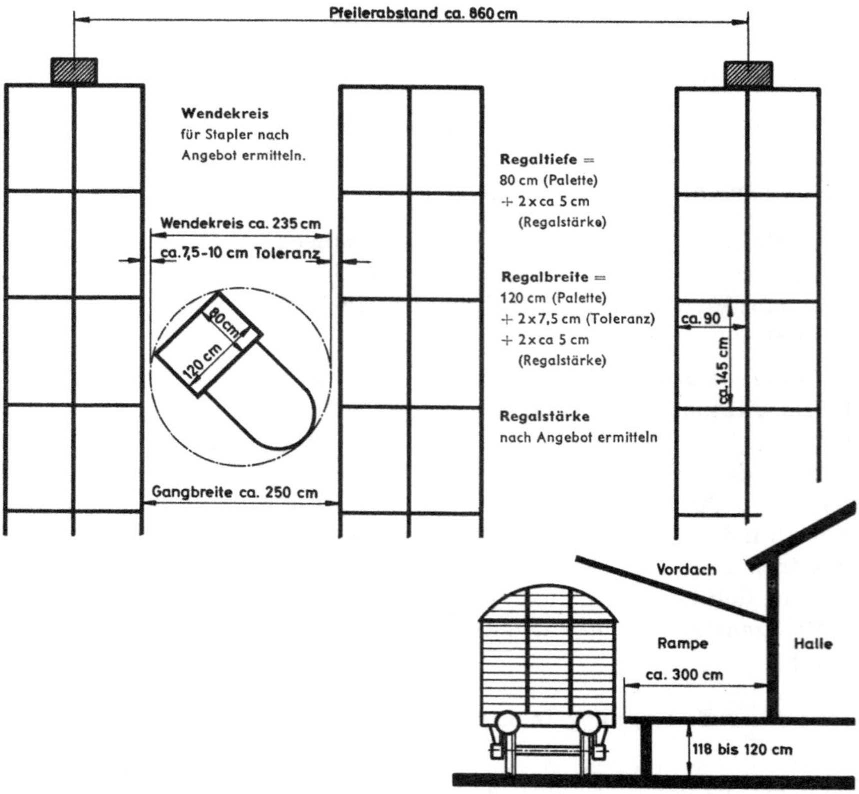

Paletten-Lager

heit oder ihrer Verpackung ein Aufeinanderstapeln nicht erlauben. Außerdem ermöglicht das Regal ein Abstapeln von übereinanderstehenden Paletten, ohne die einzelnen Paletten absetzen zu müssen[1]).

Mit Boxpaletten kann eine ähnliche Wirkung erreicht werden, da im Rahmen ihrer Abmessungen individuelles Transportgut übernommen und übereinandergestapelt werden kann.

---

[1]) Hersteller von Paletten-Regalen:
C. & A. Dick, 5283 Bergneustadt (Bez. Köln), Postfach 136.
GEMAG, Geräte- und Maschinenbau, Aktiengesellschaft & Co., 4967 Bückeburg, Hannoversche Straße 20.
Mannesmann-Stahlblechbau GmbH, 4 Düsseldorf, Postfach 5509.
Eisenwerk Steele GmbH, 43 Essen-Steele, Postfach 87.
Metallwerke Saar GmbH, 6391 Grävenwiesbach/Ts.
Otto Kind GmbH, Betriebseinrichtungen, 5277 Kotthausen (Bez. Köln).
Julius vom Hofe, Stahlregal-Bau, 588 Lüdenscheid, Knapperstr. 48.
Fritz Schäfer GmbH, 5908 Neunkirchen (Westf.), Krs. Siegen.

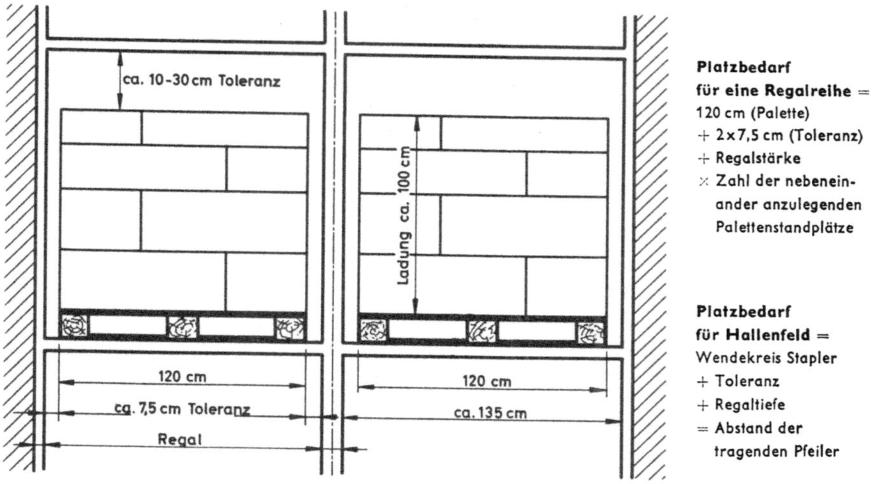

Palettenregal[1])

Palettenregale

[1]) DB-Kundenbrief Nr. 7/1961.

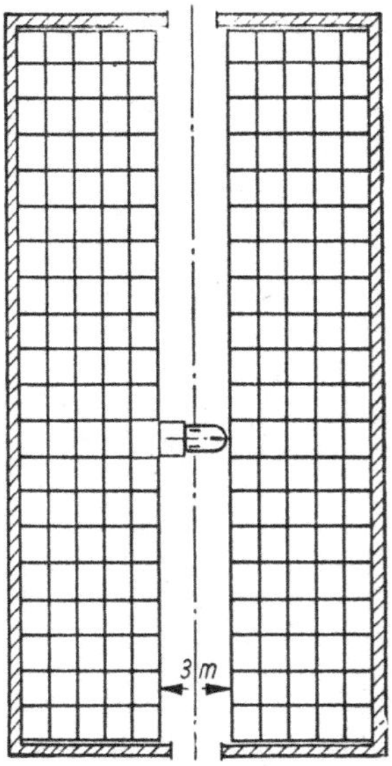

Rechtwinkliger Blockstapel
Anzahl der Paletten auf einer
Lagerfläche 340 m² = 200
Verhältnis der genutzten Fläche
zur Gesamtfläche = 70 %

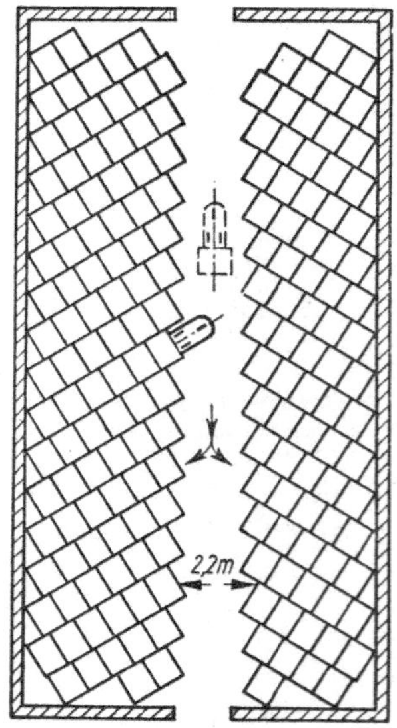

Schräg-Blockstapel 60°
Anzahl der Paletten auf einer
Lagerfläche 340 m² = 180
Verhältnis der genutzten Fläche
zur Gesamtfläche = 63 %

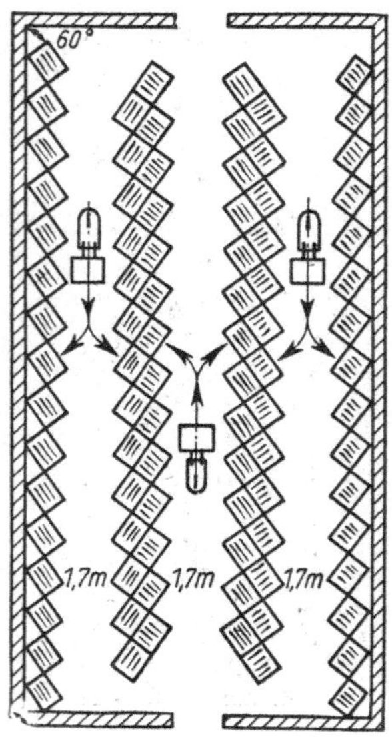

Schräg-Reihenstapel 60°
Anzahl der Paletten auf einer
Lagerfläche 340 m² = 88
Verhältnis der genutzten Fläche
zur Gesamtfläche = 31 %

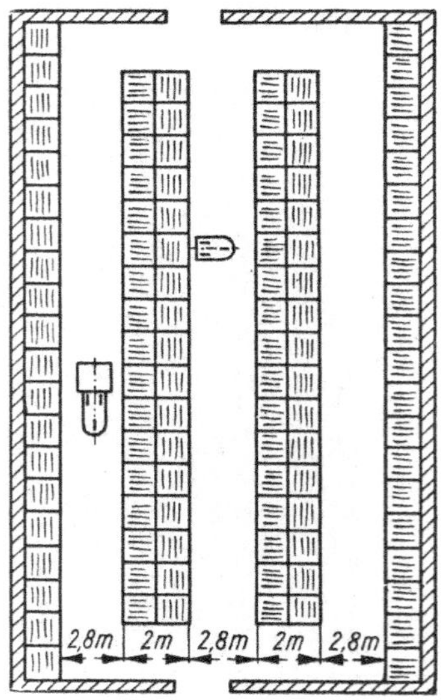

Rechtwinkliger Reihenstapel
Anzahl der Paletten auf einer
Lagerfläche 375 m² = 108
Verhältnis der genutzten Fläche
zur Gesamtfläche = 35 %

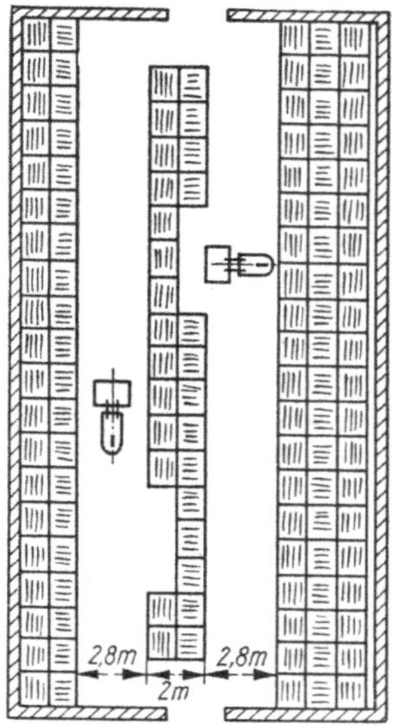

Gemischter Stapel Block/Reihe rechtwinklig
Anzahl der Paletten auf einer Lagerfläche 340 m² = 134
Verhältnis der genutzten Fläche zur Gesamtfläche = 47 %

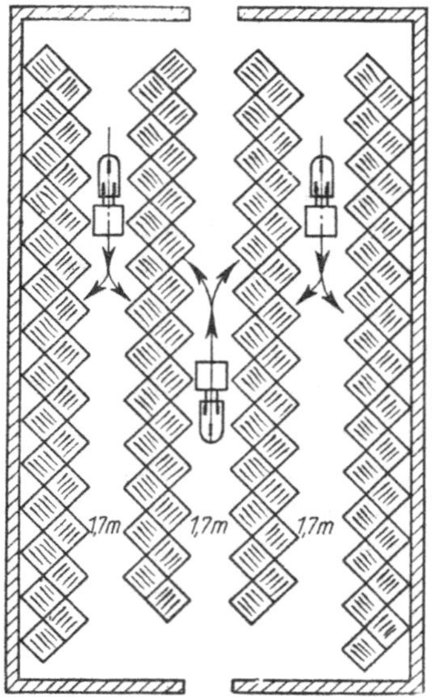

Gemischter Stapel Schräg-Block und Schräg-Reihe 60°
Anzahl der Paletten auf einer Lagerfläche 375 m² = 104
Verhältnis der genutzten Fläche zur Gesamtfläche = 35 %

XX. Paletten und Verpackungsabmessungen

Sowohl im Ausland als auch insbesondere durch die Rationalisierungsgemeinschaft Verpackung im RKW, Berlin, ist die Frage untersucht worden, inwieweit man die Warenverpackung auf das einheitliche Maß der Austauschpalette abstellen kann. Das Ergebnis dieser Untersuchungen, die durch die „European Packaging Federation (EPF)" bereits 1954 eingeleitet wurden, hat seinen Niederschlag in dem RGV-Merkblatt unter dem Begriff „Modul-Empfehlung" der RGV im RKW, Arbeitskreis Paletten-Verpackungen, gefunden. Die Unterlagen sollen bei der Schaffung neuer Normen auf dem Verpackungsgebiet berücksichtigt werden. Der Zweck des Verfahrens ist eine bessere Ausnutzung der Verpackungsmaschinen, niedrigere Fertigungskosten durch Typenbeschränkung, höhere Auflagen der Packungen, leichtere Packungsausführungen und geringerer Lagerraumbedarf.

Das Modul-System sieht für Versandpackungen die Innenabmessungen und für Einzelpackungen die Außenabmessungen vor. Die Höhe ist dabei nicht fixiert. Das System ist auf dem Modul-Faktor = 95 für die Versandpackungs-Innenmaße aufgebaut. Der Spielraum von 5 % dient zum Ausgleich der unterschiedlichen Wandstärken und auch des Abstandes zwischen den einzelnen Versandpackungen[1]).

1. Empfehlung von Innenabmessungen der Versandpackungen

Innenmaße mm	Außenmaße (ca.) mm	Packungsanzahl / Lage auf Paletten 800 × 1200	1000 × 1200	800 × 1000
1140 × 950	1200 × 1000	—	1	—
× 760	× 800	1	—	—
× 475	× 500	—	1 × 2	—
× 380	× 400	1 × 2	—	—
× 317	× 333	—	1 × 3	—
× 253	× 266	1 × 3	—	—
× 237	× 250	—	1 × 4	—
× 190	× 200	1 × 4	1 × 5	—

[1]) RGV (Merkblatt 187, November 1959), Anpassung der Verpackungsabmessungen an die genormten Paletten, Rationalisierungs-Gemeinschaft Verpackung im RKW, Arbeitskreis Paletten-Verpackungen, Berlin-Schmargendorf, Auguste-Viktoria-Straße 66.

Innenmaße mm	Außenmaße (ca.) mm	Packungsanzahl / Lage auf Paletten		
		800 × 1200	1000 × 1200	800 × 1000
950 × 760	1000 × 800	—	—	1
× 570	× 600	—	1 × 2	—
× 380	× 400	—	1 × 3	1 × 2
× 285	× 300	—	1 × 4	—
× 253	× 266	—	—	1 × 3
× 228	× 240	—	1 × 5	—
× 190	× 200	—	6 (v)	1 × 4
760 × 570	800 × 600	1 × 2	—	—
× 475	× 500	—	—	1 × 2
× 380	× 400	3 (v)	—	—
× 317	× 333	—	—	1 × 3
× 285	× 300	1 × 4	—	—
× 237	× 250	—	—	1 × 4
× 228	× 240	1 × 5	—	—
× 190	× 200	6 (v)	—	5 (v)
570 × 475	600 × 500	—	2 × 2	—
× 380	× 400	2 × 2	5 (v)	—
× 317	× 333	—	2 × 3	—
× 253	× 266	2 ×3	—	—
× 237	× 250	—	2 × 4	—
× 190	× 200	8 (v)	10 (v)	—
475 × 380	500 × 400	—	2 × 3	2 × 2
× 285	× 300	—	2 × 4	—
× 253	× 266	—	—	2 × 3
× 228	× 240	—	2 × 5	—
× 190	× 200	—	12 (v)	2 × 4
380 × 380	400 × 400	2 × 3	—	—
× 317	× 333	—	3 × 3	2 × 3
× 285	× 300	2 × 4	10 (v)	—
× 253	× 266	9 (v)	—	—
× 237	× 250	—	3 × 4	2 × 4
× 228	× 240	2 × 5	—	—
× 190	× 200	12 (v)	15 (v)	10 (v)
317 × 285	333 × 300	—	3 × 4	—
× 253	× 266	—	—	3 × 3
× 228	× 240	—	3 × 5	—
× 190	× 200	—	18 (v)	3 × 4
285 × 253	300 × 266	4 × 3	—	—
× 237	× 250	—	4 × 4	—
× 190	× 200	16 (v)	20 (v)	—
253 × 237	266 × 250	—	—	3 × 4
× 228	× 240	3 × 5	—	—
× 190	× 200	18 (v)	—	15 (v)

Innenmaße	Außenmaße (ca.) mm	Packungsanzahl / Lage auf Paletten 800 × 1200	1000 × 1200	800 × 1000
237 × 228	250 × 240	—	4 × 5	—
× 190	× 200	—	24 (v)	4 × 4
228 × 190	240 × 200	5 × 4	5 × 5	—
190 × 190	200 × 200	4 × 6	5 × 6	4 × 5

Es sind auf Paletten 800 × 1200 mm 23 Variationen,
1000 × 1200 mm 32 Variationen,
800 × 1000 mm 20 Variationen

möglich, die eine volle Ausnutzung der Paletten gestatten.

Die mit (v) gekennzeichneten Packungsgrößen sind im Verband stapelbar und daher vorzuziehen.

2. Empfehlung von Außenabmessungen der Einzelpackungen

Entsprechend den inneren Längenabmessungen der Versandpackungen

1140 950 760 570 475 380 317 285 253 237 228 190

werden folgende nominelle Außenmaße für die Einzelpackungen vorgeschlagen (in mm):

1140	950	760	570	475	380	317	285	253	237	228	190	Anzahl der Einzelpackungen in einer Längsreihe der Versandpackungen
570	475	380	285	237	190	158	142	126	118	114	95	2
380	317	253	190	158	126	105	95	84	79	76	63	3
285	237	190	142	118	95	79	71	63	59	57	47	4
228	190	152	114	95	76	63	57	50	47	45	38	5
190	158	126	95	79	63	52	47	42	39	38	31	6
142	118	95	71	59	47	39	35	31	29	28	23	8
126	105	84	63	52	42	35	31	28	26	25	21	9
114	95	76	57	47	38	31	28	25	23	22	18	10
95	79	63	47	39	31	26	23	21	19	19	15	12
81	67	54	40	34	27	22	20	18	16	16	13	14
76	63	50	38	31	25	21	19	16	15	15	12	15
71	59	47	35	29	23	19	17	15	14	14	11	16

Beispiel für die Anwendung der Tabelle

Eine gegebene Packung in den Abmessungen 95 × 76 mm soll zu 10 Stück/Lage in eine Versandpackung verpackt werden. 2 Packungen zu 95 mm ergeben ein Versandpackungsmaß von 190 mm und 5 Packungen zu 76 mm das zweite Versandpackungsmaß von 380 mm. Das erhaltene Versandpackungsmaß 380 × 190 mm paßt nach der Tabelle auf Seite 142 bis 144 auf alle drei Norm-Paletten.

Soll die gleiche Packungsgröße zu 12 Stück/Lage verpackt werden, so bieten sich zwei Möglichkeiten:

$$3 \times 95 = 285 \text{ mm und } 4 \times 76 = 304 \text{ mm}$$

$$\text{oder } 4 \times 95 = 380 \text{ mm und } 3 \times 76 = 228 \text{ mm.}$$

Da das Maß 304 mm nicht in den empfohlenen Versandpackungsabmessungen aufgeführt ist, die Maße 380 und 282 mm aber genannt sind, kann die Versandpackung 380 × 228 mm gewählt werden, die allerdings nach der Tabelle auf Seite 142 bis 144 nur auf der Palette 800 × 1200 mm eine volle Ausnutzung der Palettenfläche ermöglicht.

3. Zusätzliche Abmessungen von Versandpackungen in rechteckiger und runder Ausführung

(Schweizer Vorschlag zur Ergänzung des Modul-Systems[1]))

Der Schweizer Vorschlag basiert auf den Außenabmessungen der Versandpackungen für das Palettenmaß 800 × 1200 mm. Daraus sind diejenigen rechteckigen Versandpackungen ausgewählt worden, die eine Ausnutzung der Paletten-Ladefläche von 93 bis 99 % ermöglichen. Sie haben den Vorteil, daß sie auf der Palette 800 × 1200 mm eine Stapelung im Verband gestatten.

Die in der Tabelle unter a) aufgeführten Außenabmessungen sind — entsprechend dem Modul-System — durch die Innenabmessungen ergänzt worden. Der Vollständigkeit halber wurden für die für das Palettenmaß 800 × 1200 mm vorgeschlagenen Packungsgrößen auch Angaben über ihre Einsatzmöglichkeit auf den beiden anderen Normpaletten hinzugefügt, soweit die Palettenausnutzung nicht unter 93 % liegt.

Die folgenden Abmessungen werden zur Anwendung empfohlen, wenn die Benutzung des Modul-Systems aus betrieblichen Gründen zunächst Schwierigkeiten bereitet, die Vorteile des Paletteneinsatzes aber ausgenutzt werden sollen.

[1]) Vgl. auch „Goldene Packungen", SSRG (Schweizerische Studiengesellschaft für rationellen Güterumschlag), Bern, Mittelstr. 43.

a) Rechteckige Versandpackungen

Innenmaße mm	Außenmaße mm	800 × 1200 mm		1000 × 1200 mm		800 × 1000 mm	
		Packungsanzahl je Lage	Ausnutzung %	Packungsanzahl je Lage	Ausnutzung %	Packungsanzahl je Lage	Ausnutzung %
542 × 217	571 × 228	7 (v)	95	—	—	—	—
532 × 228	560 × 240	7 (v)	98	—	—	—	—
475 × 285	500 × 300	6 (v)	94	2 × 4	M.-S.	5 (v)	93
403 × 335	424 × 353	6 (v)	93	—	—	—	—
317 × 253	333 × 266	10 (v)	93	—	—	3 × 3	M.-S.
317 × 190	333 × 200	14 (v)	97	18 (v)	M.-S.	3 × 4	M.-S.
304 × 228	320 × 240	12 (v)	96	3 × 5	96	10 (v)	96
295 × 253	311 × 266	11 (v)	95	—	—	3 × 3	93
285 × 228	300 × 240	13 (v)	97	4 × 4	96	—	—
271 × 217	285 × 228	14 (v)	95	—	—	—	—
268 × 223	282 × 235	14 (v)	97	17 (v)	93	—	—
237 × 190	250 × 200	19 (v)	99	24 (v)	M.-S.	4 × 4	M.-S.

v = im Verband stapelbar.

M.-S. = im Modul-System aufgeführt.

b) Runde Versandpackungen

Die folgende Tabelle enthält empfohlene Außenabmessungen für Rundpackungen im Durchmesser von 400 bis 200 mm mit einer Ausnutzung der Paletten-Ladefläche von mindestens 74 %. Da auch dieser Schweizer Vorschlag nur für das Palettenmaß 800 × 1200 mm aufgestellt worden ist, sind die Angaben für die beiden anderen Paletten hinzugefügt worden, soweit die Palettenausnutzung nicht unter 74 % liegt.

Außendurchmesser mm	800 × 1200		1000 × 1200		800 × 1000	
	Packungszahl je Lage	Ausnutzung %	Packungszahl je Lage	Ausnutzung %	Packungszahl je Lage	Ausnutzung %
400	2 × 3	78	—	—	—	—
294	2 × 4 + 1 × 3	78	—	—	—	—
277	3 × 4	75	—	—	—	—
266	3 × 3 + 2 × 2	75	—	—	2× 4 + 1 × 3	76
246	3 × 5	74	—	—	—	—
226	2 × 5 + 2 × 4	75	—	—	—	—
219	4 × 5	78	—	—	—	—
200	4 × 6	78	5 × 6	78	4 × 5	78

4. Stapelvorschläge für Warenpackungen auf Paletten[1])

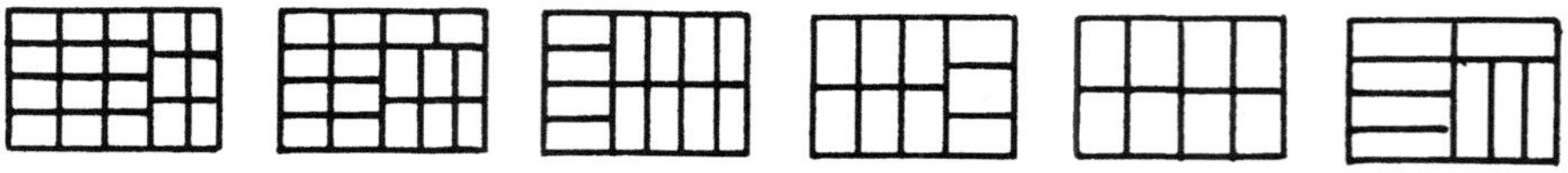

Stapelbilder für die Paletten 800 × 1200 mm

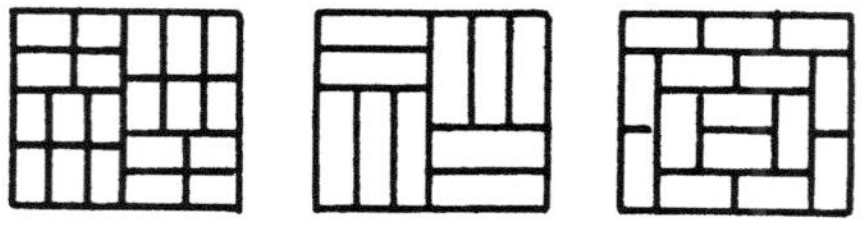

Stapelbilder für die Paletten 1000 × 1200 mm

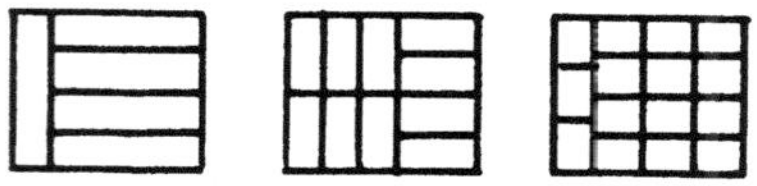

Stapelbilder für die Paletten 800 × 1000 mm

Die betriebswirtschaftliche Beratungsstelle des Hamburger Einzelhandels hat dargelegt, daß die Verpackungsmaße für eine Reihe von Fertigtextilien bereits von den Abmessungen der Tauschpalette abgeleitet wurden. In Absprachen zwischen den zuständigen Verbänden der Textilwirtschaft sind die Verpackungsmaße für Tisch- und Bettwäsche, Herrenoberhemden, Damenwäsche, Trikotagen und Taschentücher bereits vereinbart worden. Sie betragen für die Verpackungseinheiten 30 × 40 cm, während die Grundlegemaße 27 × 38 cm sind. Es wird angestrebt, den Kurzwarensektor mit einzubeziehen[2]).

[1]) RGV-Merkblatt 187, November 1959, „Anpassung der Verpackungsabmessungen an die genormten Paletten", S. 12, 13 und 14.

[2]) Wirtschafts-Correspondent Nr. 31/1962, S. 18.

XXI. Automatische Palettieranlagen

Heute werden bereits Palettieranlagen verwendet, die eine automatische Stapelung bzw. Entstapelung der Paletten ermöglichen. So hat z. B. die Firma Kumag AG, Zürich, eine derartige Palettieranlage entwickelt. Es gibt hierbei verschiedene Systeme, abgestellt auf Verpackungsformen und Verpackungsgrößen. Die automatischen Entladeanlagen sind ursprünglich für die Getränkeindustrie entwickelt worden, da hier besonders das Entstapeln von Kisten und Harasse mit Leergut notwendig ist. Entstapler und Bestapler arbeiten im umgekehrten Arbeitsprinzip. Die Paletten werden lageweise abgeschoben und durch Puffer reihenweise auf ein Transportband gedrückt[1]).

Genauer läßt sich der Vorgang aus den nachfolgenden Skizzen erkennen.

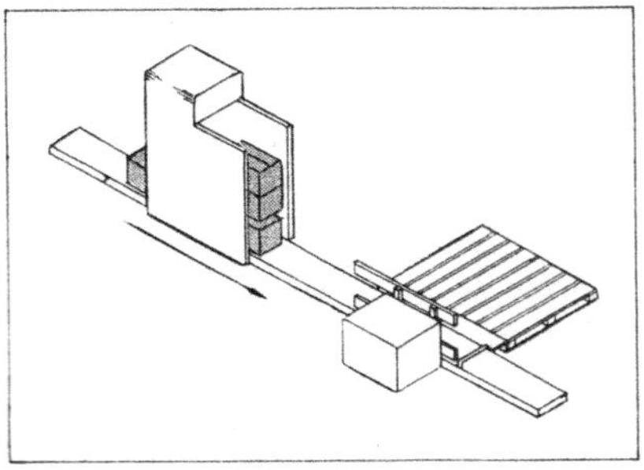

Abbildung a

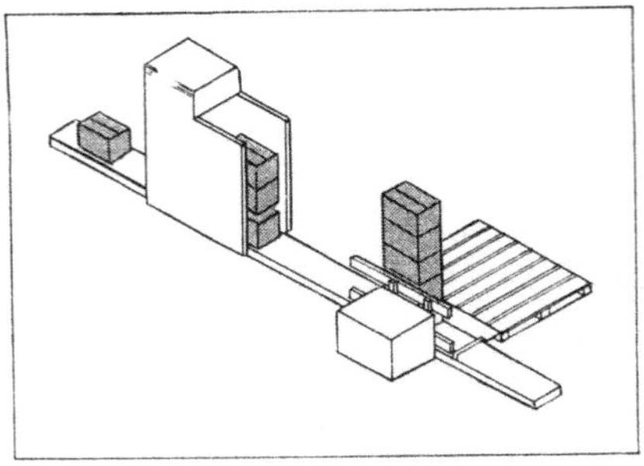

Abbildung b

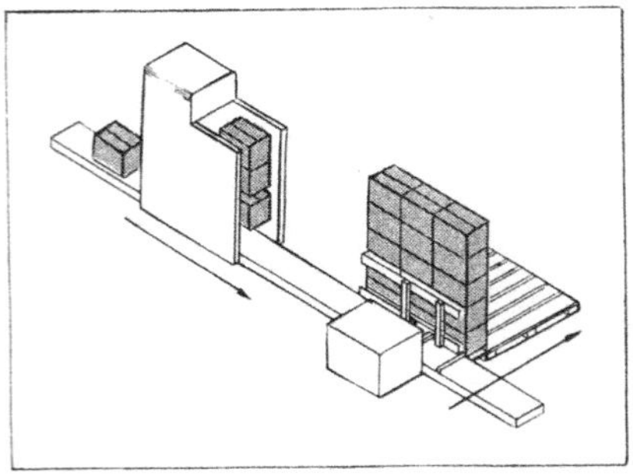

Abbildung c

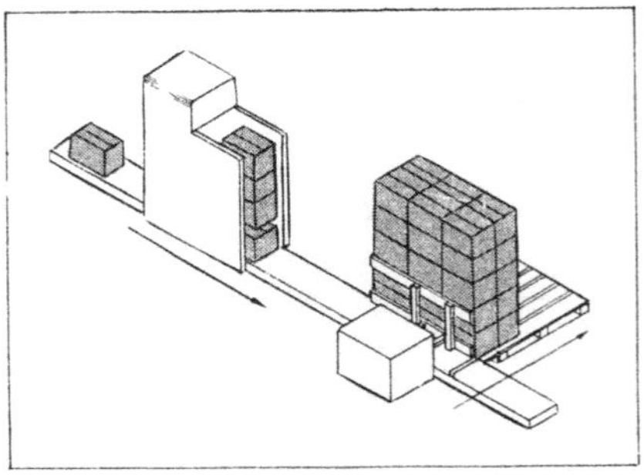

Abbildung d

[1]) Deutsche Verkehrzeitung Nr. 129/1962, S. 9; Fördern und Heben Nr. 3/1962, S. 153/154.

Der Paletten-loader faßt die aus der Fertigung kommenden Kartons zu einem Stapel zusammen, indem der oder die bereits in dem Stapler befindlichen Kartons automatisch hochgeschoben werden und dadurch dem nachfolgenden Collo Platz machen. Dieser Vorgang wiederholt sich je nach Kartongröße vier- bis fünfmal (vgl. Abbildung a). Ist ein Einzelstapel vollständig, so wird dieser durch Puffer nach vorne in Höhe der Palette geschoben (vgl. Abbildung b). Erst wenn die Stapel eine ganze Palette ausfüllen (vgl. Abbildung c), schiebt ein weiterer Puffer diese Kartonreihe seitwärts auf die Palette und schafft damit freien Raum für die nachfolgenden Einzelstapel (vgl. Abbildung d).

Nach einem anderen Prinzip arbeiten die Palettierautomaten für Kisten, Kartons, Kanister und Säcke, Typ „M" und Typ „S" der Firma Universum, Automaten, Köln-Rodenkirchen.

Die Packstücke werden mit Transportband oder Rollenbahn, je nach Örtlichkeit, dem Automaten zugeführt. Der Einlauf des Automaten wird, falls es erforderlich ist, mit Zählwerk und Wendevorrichtung ausgerüstet, um jede gewünschte Packanordnung zu erhalten. Etwaige Zwischenräume für den Verbund mit der Palette werden ebenfalls automatisch gesteuert. Die Anlage ist für verschiedene Packanordnungen und Größen des Packgutes eingestellt.

Die Packstücke werden zum Balkon transportiert (Transportbänder oder Druckluftschieber, je nach Packgut) und dort mit Druckluft auf das Ladeblech geschoben. Ist eine Packlage fertig sortiert, so wird das Ladeblech zurückgezogen und die Lage auf die Palette gesetzt. Die Palette senkt sich dann um eine Lage, der Vorgang wiederholt sich, bis die Palette wunschgemäß beladen ist.

Die gefüllte Palette wird durch eine angetriebene Rollenbahn ausgefahren, gleichzeitig zieht eine leere Palette nach. Die Leerpalette fährt unter das Ladeblech und ist dann wieder ladebereit.

Eine ähnliche Arbeitsmethode hat der vollautomatische Palettenbeladeautomat DB Pa der Firma Möllers, Beckum/Westf., die auch über Auslandspatente verfügt.

XXII. Hubwagen und Gabelstapler

1. Definition

Hubwagen (Niederhubwagen), ausgebildet als Rahmen-(Gabel-) und Plattformhubwagen, dienen zum Aufnehmen und Befördern von Ladepritschen oder ähnlichen Vorrichtungen. Die Fortbewegung dieser Hubwagen erfolgt durch Handzug oder Fahrantrieb[1]).

Stapler sind Flurförderzeuge mit senkrecht bewegtem Lastträger, die vorzugsweise dem Auf- und Übereinandersetzen von Lasten dienen. Mit diesen Geräten ist durch verschiedene Lastträger (Gabeln, Plattformen und Anbaugeräte) die Aufnahme aller Arten von Lasten direkt oder mit Hilfsmitteln, wie Paletten und Behälter, möglich. Die Lastenbewegung kann durch Fahrantrieb horizontal und eine Hebevorrichtung vertikal erfolgen.

Hubwagen- bzw. Gabelstaplerausführungen gibt es von den einfachsten handbetriebenen Hebe- und Fahrgestellen für Paletten und sonstige Plattformen bis zu selbstfahrenden mit Elektro- oder Dieselmotoren angetriebenen Gabelstaplern, die eine Last von etwa 0,5 bis 20 t heben und transportieren können, eine Fahrgeschwindigkeit bis zu ca. 40 km, eine Hub- und Senkgeschwindigkeit von ca. 0,1—1,0 m/sec. und eine Stapelhöhe von etwa 6,0 m erreichen. Außerdem können mittels Sondereinrichtungen, wie Zangen, Klammern usw., Fässer, Ballen, Holz u. a. m. befördert werden.

Gabelstapler und Hubwagen finden vor allem für innerbetriebliche Transporte Verwendung, und zwar zur Erleichterung der Produktion, zur besseren Abwicklung der Aufgaben in den Lägern und in Umschlaghallen von Transport- und Speditionsbetrieben. Gerade die Entwicklung der Hubgeräte hatte die außerordentliche Verbreitung der Paletten zur Folge.

In der Konstruktion der Antriebe bzw. der Stapler-Aggregate sind in den letzten Jahren viele Verbesserungen erprobt worden. So konnten bereits (bei Diesel allgemein üblich) die Gangschaltung und auch die Kupplung durch stufenlose Hebel ersetzt werden, die das Rück- und Vorwärtsfahren erleichtern. Dieses hydrostatische Getriebe hat keine Reibungsverluste. Der Gabelstapler kann infolgedessen gedrungener gebaut werden, wodurch sich die Arbeitsbreite erheblich verringert.

Besonders wichtig für die Handhabung des Gabelstaplers ist die Gabellänge und ihre Abstimmung auf die Palette. Dies zeigen die nachstehenden Ausführungen: „Aus den Erfahrungen der Praxis heraus sind die Gabeln der Hubgeräte 1120 mm lang. Diese Länge ist erforderlich, um bei der Längsaufnahme (1200 mm) noch das hinterste Zwischenbrett mit auf die Gabel

---

[1]) Stein: Heben — Fahren — Stapeln, Berlin 1959, S. 31 ff.

Hubwagen

Gabelstapler

nehmen zu können. Bei der Queraufnahme (1000 mm) ragen 10 cm heraus"[1]). Der Überhang der 800er Palette beträgt aber immerhin 30 cm. Es besteht dabei die Gefahr, daß dahinterstehende Paletten mit angehoben bzw. Wagen- oder Gebäudeteile beschädigt werden.

2. Einsatzbereich von Gabelstaplern

a) Deckenbeanspruchung in Lagerhäusern und Umschlagshallen

Das Angebot an Gabelstaplern ist sehr vielgestaltig. Eine gute Übersicht geben die VDI-AWF-Richtlinien[2]). Diese Aufstellung beinhaltet eine Typengliederung nach Hubkraft und Flächenbelastung. Darüber hinaus gehen die Richtlinien auf die Torhöhen und -breiten, also damit auch auf die Abmessungen der Gabelstapler ein. Auszugsweise sind nachstehend die Ausführungen zu dem 1,0-t-Stapler wiedergegeben.

Deckenlastung durch Gabelstapler — Vollast/überdeckte Fläche

Typ	Vollast × 1,4 (Stoßfaktor) t	Überdeckte Fläche[3]) 1,2 × (L2 + 1,0) qm	Flächen-belastung t/qm
BKS VE — 2080	4,34	3,23	1,35
Crede EFG 1000	3,43	3,02	1,14
ME EG 1/1	4,60	3,05	1,51
ME EG 1	4,87	3,41	1,43
Jungheinrich EFG 10 G	3,43	3,12	1,10
Jungheinrich EFG 10 G	4,55	3,12	1,46
Miag LM 1 E	4,76	3,29	1,48
Miag LM 1 E (ex)	4,90	3,29	1,49
RIH ECE 2024	4,41	3,18	1,39
Steinbock EFG 1 D	4,55	3,32	1,37
Still EFG 1001	4,68	3,18	1,47
Still EFG 1001 E	4,05	2,87	1,41
Still EGS 1000/07 (ex)	4,58	3,10	1,48
Still EGS 1002	4,34	3,23	1,35
BKS VD-20 K	4,20	3,11	1,35
BKS VD-20 F	4,20	3,77	1,25
BKS VDP-20	4,20	3,48	1,21
Crede DFG 1000	4,80	3,60	1,34
ME DG 1	4,65	3,47	1,34
Irion DGF 1	4,65	3,37	1,38
Miag LM 1 D	4,76	3,34	1,43
RIH DCE	4,23	3,28	1,29
RIH DY 20	4,80	3,41	1,41
RIH DY 20 (ex)	4,72	3,51	1,35
Still DFG 1001	4,66	3,17	1,47
Still BEGS 1002	4,41	3,32	1,33

[1]) Palettenpool — Idee und Praxis —, Sonderdruck der Deutschen Verkehrs-Zeitung anläßlich des Spediteurtags 1960 in Bremen, S. 180.

[2]) VDI/AWF-Richtlinien, Beuth-Vertrieb GmbH, Berlin und Köln, S. 13.

[3]) L 2 = Länge des Gabelstaplers ⁒ Gabellänge.

b) Belastbarkeit von Bahnwaggons

Von ähnlichem Interesse ist für die Verlader von Bahnwaggons die Belastbarkeit der Fußböden der Güterwagen durch Gabelstapler. Diese Belastbarkeit variiert je nach Fußbodendicke, Feuchtigkeitsgehalt des Holzes, Erhaltungszustand, Astwuchs usw. Trotzdem können die nachstehenden Werte als Richtsätze für Verlader und Speditionsfirmen dienen.

Tragkraft t	Eigengewicht kg	Raddruck kg	Verwendbar für Güterwagen
a) 0,6	1355	845	Allgemein verwendbar, auch für ältere gedeckte und offene Güterwagen
0,6	1456	898	
1,0	1895	1270	
b) 1,0	2140	1430	Noch für ältere gedeckte und für Neubaugüterwagen
1,0	2340	1450	
c) 1,5	2995	1955	Nur für Neubaugüterwagen

Unter offenen Güterwagen der Kategorie a) sind folgende zu verstehen: Om 12, Om 21, Om 31, Om 33/34 und ähnliche.

Alle offenen und gedeckten Güterwagen mit Bauartnummer über 40 gehören zu den Umbau- und Neubaugüterwagen, die schon mit Fußböden höherer Festigkeit versehen sind. Verlader mit Gabelstaplern von einer Tragkraft zwischen 1 und 1,25 t sollten bei offenen Güterwagen nur Waggons bestimmter Bauarten anfordern: Omm 52, 53, 55, Omm 42, 43, 44, 46 und 49[1]).

c) Einsatz auf öffentlichen Straßen

Es besteht auch die Möglichkeit, Gabelstapler außerhalb des Betriebes auf öffentlichen Straßen einzusetzen. Der Gabelstapler ist zwar keine selbstfahrende Arbeitsmaschine im Sinne des § 18 Abs. 2 StVZO, muß also beim Einsatz auf öffentlichen Straßen den Bestimmungen der Straßenverkehrszulassungsordnung (StVZO) entsprechen. Er wird somit nicht nur als Kraftfahrzeug behandelt, sondern muß auch als solches zugelassen und versteuert werden. Aber gemäß § 70 StVZO sind die höheren Verwaltungsbehörden berechtigt, in gewissen Fällen Ausnahmen von den Bestimmungen der StVZO zu bewilligen. Es handelt sich im wesentlichen um Behörden auf Landesebene. Die Zulassungsstellen für den Kraftfahrzeugverkehr geben im einzelnen über die Zuständigkeit Auskunft[2]).

Die Anträge werden meist um so eher genehmigt, je geringer der vorgesehene Aktionsbereich außerhalb des Betriebes ist. Es empfiehlt sich, die Verkehrswege, die der Gabelstapler normalerweise zurücklegen soll, bei der Antragstellung mit anzugeben. Gute Sichtverhältnisse für den Fahrer sind eine weitere Erleichterung beim Antragsverfahren.

---

[1]) Deutsche Verkehrs-Zeitung Nr. 132/1962, S. 4.

[2]) Der Transportberater Nr. 21/1962, S. 1 ff.

Selbstkosten von Gabelhubwagen

Zeile	Text	Einheit	Niederhubwg.				
	Fahrzeugart: Anhängelast bzw. Tragkraft / Antrieb E = Elektro, B = Benzin, D = Diesel		2 t/E	1 t/E	1 t/D	1 t/B	1,5 t/E
			Feste Kosten				
1	Mittlerer Fahrzeugpreis	DM	6 700,—	14 250,—	14 790,—	15 890,—	16 695,—
2	Batterie/Motor (mittlerer Preis)	DM	1 275,—	3 450,—	2 500,—	1 450,—	4 140,—
3	Anlagewert	DM	7 975,—	17 700,—	17 290,—	17 340,—	20 835,—
4	Lebensdauer (VDI)	Jahre	10	10	8	8	10
5	Abschreibung v. Zeile 1	DM/Jahr	670,—	1 425,—	1 849,—	1 986,—	1 669,—
6	Zinsen 8 % v. 1/2 Zeile 3	DM/Jahr	319,—	708,—	691,—	694,—	833,—
7	Feste Kosten	DM/Jahr	989,—	2 133,—	2 540,—	2 680,—	2 502,—
8	Feste Kosten (2400 h/Jahr)	DM/h	0,42	0,89	1,06	1,12	1,04
			Bewegliche Kosten				
9	Beanspruchungsgrad		I II III	I II III	I II III	I II III	I II III
10	Reparaturlöhne	DM/h	0,10 0,15 0,20	0,10 0,20 0,35	0,20 0,40 0,60	0,25 0,40 0,60	0,15 0,20 0,30
11	Ersatzteilkosten	DM/h	0,05 0,10 0,15	0,15 0,20 0,30	0,25 0,50 0,90	0,25 0,50 1,00	0,15 0,20 0,30
12	Batteriekosten	DM/h	0,30 0,40 0,45	0,40 0,45 0,50	— — —	— — —	0,60 0.65 0,70
13	Ladekosten	DM/h	0,05 0,10 0,20	0,10 0,20 0,30	— — —	— — —	0,20 0,25 0,30
14	Motorkosten	DM/h	— — —	— — —	0,17 0,24 0,34	0,10 0,17 0,35	— — —
15	Kraftstoffkosten	DM/h	— — —	— — —	0,45 0,50 0,55	0,65 0,80 1,10	— — —
16	Wartungslöhne	DM/h	0,05 0,10 0,10	0,10 0,15 0,20	0,10 0,15 0,20	0,10 0,15 0,20	0,10 0,15 0,20
17	Schmiermittel	DM/h	0,01 0,01 0,01	0,02 0,02 0,05	0,04 0,05 0,10	0,05 0,10 0,15	0,01 0,01 0,03
18	Bewegliche Kosten, Summe 10 bis 17	DM/h	0,56 0,86 1,11	0,87 1,22 1,70	1,21 1,84 2,69	1,40 2,12 3,40	1,21 1,46 1,83
19	Feste Kosten (Zeile 8)	DM/h	0,42 0,42 0,42	0,89 0,89 0,89	1,06 1,06 1,06	1,12 1,12 1,12	1,04 1,04 1,04
20	Selbstkosten ohne Fahrerlöhne (Zeile 18 und 19)	DM/h	0,98 1,28 1,53	1,76 2,11 2,59	2,27 2,90 3,75	2,52 3,24 4,52	2,25 2,50 2,87

und Gabelstaplern ohne Lohnkosten -

	Gabelstapler								
	1,5 t/D	1,5 t/B	2 t/E	2 t/D	2 t/B	3 t/E	3 t/D	3 t/B	5—6 t/E
	16 610,—	17 550,—	19 830,—	19 640,—	20 300,—	Vorliegende Werte reichen zur Beurteilung noch nicht aus	28 450,—	26 900,—	40 000,—
	2 700,—	1 450,—	4 795,—	2 700,—	2 300,—		3 000,—	2 400,—	8 900,—
	19 310,—	19 000,—	24 625,—	22 340,—	22 600,—		31 450,—	29 300,—	48 900,—
	8	8	10	8	8		8	8	10
	2 076,—	2 194,—	1 983,—	2 455,—	2 538,—		3 556,—	3 363,—	4 000,—
	722,—	760,—	985,—	894,—	904,—		1 138,—	1 076,—	1 956,—
	2 798,—	2 954,—	2 968,—	3 349,—	3 442,—		4 694,—	4 439,—	5 956,—
	1,19	1,23	1,24	1,40	1,43		1,91	1,85	2,48
	I II III	I II III	I II III	I II III	I II III		I II III	I II III	II III
	0,20 0,30 0,40	0,40 0,50 0,60	0,10 0,20 0,30	0,35 0,40 0,50	0,25 0,35 0,60		0,40 0,50 0,60	0,30 0,40 0,55	0,37 0,40
	0,35 0,45 0,55	0,30 0,45 0,55	0,10 0,20 0,30	0,40 0,60 0,80	0,35 0,60 0,80		0,50 0,70 1,00	0,70 0,80 1,10	0,30 0,40
	— — —	— — —	0,80 1,00 1,30	— — —	— — —		— — —	— — —	2,03 2,40
	— — —	— — —	0,35 0,40 0,45	— — —	— — —		— — —	— — —	0,55 0,60
	0,17 0,24 0,34	0,10 0,17 0,35	— — —	0,17 0,24 0,34	0,10 0,17 0,35		0,21 0,30 0,42	0,14 0,21 0,41	— —
	0,45 0,55 0,60	0,65 0,80 1,20	— — —	0,45 0,55 0,70	0,90 1,00 1,20		0,50 0,60 0,70	1,00 1,20 1,40	— —
	0,10 0,15 0,20	0,10 0,15 0,20	0,10 0,15 0,25	0,10 0,15 0,25	0,10 0,15 0,25		0,10 0,15 0,25	0,10 0,15 0,25	0,11 0,15
	0,10 0,15 0,20	0,10 0,15 0,20	0,04 0,04 0,08	0,08 0,12 0,15	0,08 0,12 0,15		0,10 0,15 0,20	0,10 0,15 0,20	0,05 0,10
	1,37 1,84 2,29	1,65 2,22 3,10	1,49 1,99 2,68	1,55 2,06 2,74	1,78 2,39 3,35		1,81 2,40 3,17	2,34 2,91 3,91	3,41 4,05
	1,19 1,19 1,19	1,23 1,23 1,23	1,24 1,24 1,24	1,40 1.40 1,40	1,43 1,43 1,43		1,91 1,91 1,91	1,85 1,85 1,85	2,48 2,48
	2,56 3,03 3,48	2,88 3,45 4,33	2,73 3,23 3,92	2,95 3,46 4,14	3,21 3,82 4,78		3,72 4,31 5,08	4,19 4,76 5,76	5,89 6,53

3. Normen für Gabelstapler und Hubwagen

Der Deutsche Fachnormenausschuß, Maschinenbau, Düsseldorf, hat für Hubwagen, Hubstapler und Gabelstapler nachstehende DIN-Normen entwickelt[1]).

Auszug aus dem Normblattverzeichnis für Hebezeuge und Fördermittel[2])

Gabelstapler		DIN-Normen
Ausgabe	DIN-Nr.	Titel
4 903	10.33	Handfahrgeräte, Hubwagen; Benennungen, Maßbezeichnungen
7 825	4.59	Felgen für Flurförderzeuge (Industriekarren und Gabelstapler)
15 131	7.51	Hubwagen und Stapler; Tragkräfte und Hauptabmessungen
15 133	8.55	Gabelstapler; Hauptmaße
15 134	1.55	Hubwagen und Stapler; Räder für Gabelstapler; Anschlußmaße
15 135	11.55	Gabelstapler; Gabelträger, Anbaugeräte; Anschlußmaße
15 136	10.57	Anbaugeräte für Stapler und Lader; Benennungen
15 137	7.55	Gabelhubwagen, Tragkräfte, Hauptmaße

4. Vergleich der Kosten verschiedener Modelle

In der Tabelle auf den Seiten 154 und 155 sind die Selbstkosten von Gabelhubwagen und Gabelstaplern (ohne Lohnkosten) zusammengestellt[3]).

Erläuterungen zur Tabelle

Zeile 4: Die Lebensdauer bezieht sich auf eine arbeitstägliche Beschäftigung von 8 Stunden.

Zeile 8: „Feste Kosten". Der Stundensatz an festen Kosten bezieht sich auf 2400 Arbeitsstunden im Jahr.

Zeile 11: „Ersatzteilkosten" schließt Ersatzteile für das Fahrzeug, für Motoren, Batterien und für Bereifung ein.

---

[1]) Sie können bei der Beuth-Vertriebs-GmbH, Frankfurt a. M., Gutleutstraße 163—167, bezogen werden.

[2]) Herbert Cordes und Fritz Weitzel: Rationalisierung des Güterumschlags in Speditions- und Lagereibetrieben, Berlin, Frankfurt, Köln 1961, S. 177 ff.

[3]) A. Marx: Was kosten die Flurfördermittel?, in: Der Transportberater, Dezember 1961.

Zeile 12: „Batteriekosten" sind Abschreibungen für die während der Lebensdauer verbrauchten Batterien. Diese Kosten sind unter den beweglichen Kosten aufgeführt und für die Betriebsstunde berechnet worden, weil der Batterieverschleiß wesentlich vom Beanspruchungsgrad abhängt. Gleiches gilt sinngemäß von den Motorkosten.

Zeile 13: „Ladekosten" sind die Aufwendungen für den Bezug an elektrischer Energie unter Berücksichtigung des Wirkungsgrades der Gleichrichteranlage und der Amortisation des Gleichrichters.

Zeile 14: „Motorkosten" sind auf die Betriebsstunde berechnete Abschreibungen (vgl. Erläuterungen zu Zeile 12).

Zeile 20: „Selbstkosten ohne Fahrerlohn" für die Arbeitsstunde. Diese Kosten sind für Kostenvergleiche allein entscheidend.

5. Hubwagen

Wie bereits angedeutet, sind die einfachsten Formen für die Palettenbehandlung die Hubwagen. Es handelt sich hierbei um Fahrgestelle auf Rollen, die ein Unterfahren der Paletten ermöglichen. Durch Hebewirkung wird die Palette angehoben und dadurch transportierbar. Der Hubwagen hat keine Stapelvorrichtungen. Er erlaubt auch einen Einsatz auf schmalen Gängen und Böden mit niedriger Tragfähigkeit.

In der einfachen Ausführung muß er durch Menschenkraft gezogen werden. Um die insbesondere durch die kleinen Rollen hervorgerufene große Reibung leichter zu überwinden, können derartige Hubwagen auch mit Elektromotor für den Transport ausgestattet werden. Diese Motoren haben eine Leistung von 1,6 bis 3 PS und erzielen eine Geschwindigkeit von 4 bis 4,8 km/h, die der Gehgeschwindigkeit eines Menschen entspricht. Die Hubwagen können normalerweise eine Last von 1 bis 2 t aufnehmen.

Die Firma H. Jungheinrich & Co, Hamburg, hat einen elektronisch steuerbaren Gabelhubwagen, den sogenannten Ameisen-Teletrak, entwickelt. Der Ameisen-Teletrak arbeitet mit Fotozellen, die einen auf der Fahrbahn verlegten Leitstreifen abtasten, der entweder auf den Boden gemalt oder mit einer Kunststoffolie aufgeklebt wird. Der Leitstreifen erfordert keine bauliche Veränderung, wie dies bei einer Leitschiene oder einem Leitdraht nötig wäre. Jedoch muß auch hier der Fußboden einwandfrei beschaffen sein. Der Weg des elektronisch gesteuerten Fahrzeuges ist ohne Schwierigkeiten und beliebig oft durch Neuverlegung des Leitstreifens zu verändern. Der Teletrak kann von Hand auf den Leitstreifen gesetzt werden, da er neben den elektronischen Steuerorganen seine normalen Bedienungselemente behält. Mit dem Flügelschalter werden die Fahrstufen für die manuelle Bedienung — zwei Vorwärts- und Rückwärtsgänge — betätigt. Der Teletrak kann selbständig anhalten.

In der Übersicht auf den Seiten 159 bis 161 sind verschiedene Fabrikate mit und ohne Motorantrieb sowie Hersteller dieser Hubwagen aufgeführt[1]).

---

[1]) Angaben ohne Gewähr.

Handhubwagen

Elektrohubwagen

Hubwagen

Hersteller	Type	Tragkraft kg	Antriebsart
ALMOCAR KG, Dachau	ALMOCAR GH 12 Gabelhubwagen, Traglänge 1120 mm, Tragbreite 560 mm, gesenkte Höhe 85 mm, Hubhöhe 110 mm	1200 1600 2000	manuell
H. Jungheinrich & Co, Hamburg 48,	Ameise Trigger DH	1200	manuell
Billbrookdeich 167	Ameise Junior EJH	1200	manuell/elektrisch
	Ameise Junior EE	1200	elektrisch
	Ameise Collector EJE/C (Hubwagen mit Zusatzlenkbügel zum Kommissionieren)	1200	elektrisch
	Ameise-Teletrak EE/T (Hubwagen mit elektrischer Steuerung)	1200	elektrisch
	Ameise EDH[1])	2000, 3000	elektrisch
	Ameise EDH/P (Plattform)[1])	2000, 3000, 5000 7500, 10 000	elektrisch
	Ameise-Quersitz-Gabelhubwagen EKE	1200	elektrisch
Kaiser-Kraft,	HP 12 — HP 20	1250 — 2000	manuell
Stuttgart-Untertürkheim	MHP 12	1250	manuell
	EGH 5 — EGH 30	500 — 3000	elektrisch

[1]) Diese Deichselgeräte können auch als Fahrerstand- und Quersitzgeräte geliefert werden.
ED = Deichsel. ES = Fahrerstand. EQ = Quersitz.

Hersteller	Type	Tragkraft kg	Antriebsart
Köttgen & Cie GmbH,	KH 1000 Export	1000	manuell
Bergisch-Gladbach, Postfach 210	KH 1200	1200	manuell
	KH 1600	1600	manuell
	KH 2000	2000	manuell
	KH 3000	3000	manuell
	KGH 1200	1200	elektrisch
	KGH 1600	1600	elektrisch
	KGH 2000	2000	elektrisch
	KGH 3000	3000	elektrisch
	KGG 1200	1200	elektrisch
	KGG 1600	1600	elektrisch
	KGG 2000	2000	elektrisch
	KFG 1200	1200	elektrisch
	KFG 1600	1600	elektrisch
Mafi-Gerätebau,	Mafi 9010—12	1200	manuell
Korntal/Württ., Postfach 10	Mafi 9010—16	1600	manuell
	Mafi 9010—162	1600	manuell
	Mafi 9010—20	2000	manuell

Hersteller	Type	Tragkraft kg	Antriebsart
FA-GE Rubner, Mellrichstadt/Bay.	FA-GE Rubner	1200 — 2000	manuell
	Elektro-Geh-Gabelhubwagen EHy 1,2	1200	elektrisch
	EHy 2,0	2000	elektrisch
C. & W. Sichelschmidt, Volmarstein/Ruhr	Mücke 1	500 — 2000	elektrisch
Steinbock-GmbH, Moosburg/Obb.	EHU 1	1000	elektrisch
	EHN 1	1000	elektrisch
	HU 1,25	1250	manuell
	HU 1,6	1600	manuell
	HU 2,0	2000	manuell
	EHU 2	2000	elektrisch
	EHN 2	2000	elektrisch
Ernst Wagener, Apparatebau, Reutlingen	MHP	bis 1200	manuell
	HP	bis 2000	manuell
	ESU	1000 — 2000	elektrisch
	EGU mit Deichsellenkung	1200 — 2000	elektrisch
	mit Fahrersitz		elektrisch
	mit Kabelfernlenkung		elektrisch
	mit photoelektronischer Steuerung		elektrisch
	ESN	2000 — 3000	elektrisch

6. Hochhubwagen

In dieser Gruppe sind alle die Geräte zusammengefaßt, die die Funktion des Hubwagens erfüllen und gleichzeitig zum Stapeln der Güter eingesetzt werden können. Von der dritten noch zu behandelnden Gruppe, den Gabelstaplern, unterscheiden sie sich dadurch, daß sie sowohl beim Fahren als auch meist beim Stapeln mittels einer Deichsel bedient werden, die Steuerung also von außen erfolgt. Dagegen wird bei den Gabelstaplern die Bedienung vom Fahrersitz aus vorgenommen. Gabelstaplerfahrer und das Gerät selbst bilden also eine Einheit, während das beim Hochhubwagen nicht der Fall ist und die andersgeartete Konstruktion eine Begrenzung der Geschwindigkeit bedingt. Er hat die Last über dem Lastrad; dagegen ist der Gabelstapler freitragend, er hat die Last vor dem Lastrad.

Hochhubwagen

Die Hochhubwagen werden vollmotorisch (also für Fahr- und Stapeltätigkeit), teilmotorisch (nur für das Stapeln) und für den Handbetrieb konstruiert. In den beiden letzten Fällen erfolgt die Weiterbewegung manuell. Bei der dritten Ausführung wird die vertikale Leistung durch Hydraulik erstellt. Es wird eine Stapelhöhe bis zu ca. 5,1 m erreicht. Die Tragfähigkeit beträgt meist zwischen 0,25 und 3,0 t. Die Bauhöhe der Stapler variiert zwischen etwa 1400 und 3500 mm.

Auf den Seiten 163 bis 165 sind in einer Übersicht beispielhaft eine Anzahl von Typen, getrennt nach Antriebsart, Hubhöhe, Tragkraft und Hersteller, zusammengestellt[1]).

[1]) Angaben ohne Gewähr.

Hochhubwagen

Hersteller	Type	Tragkraft kg	Hubhöhe mm	Antriebsart Stapeln	Antriebsart Fahren	Bauhöhe mm
ALMOCAR, KG	NL	150—750	1400—2000	elektrisch	manuell	1410
Dachau	NS	150—750	1400—2000	elektrisch	manuell	1410
	VL	150—750	1400—2000	elektrisch	manuell	1410
	VSSH	150—750	1400—2000	elektrisch	manuell	1410
	FSS	150—750	1400—2000	elektrisch	manuell	1410
	NBT 30/20	300	4000	elektrisch	manuell	1550
	BBT 50/20—25	500	2500	elektrisch	manuell	1800
BKS GmbH,	VEH — 7	350—500	1650—2100	elektrisch	manuell	
Velbert	VEH — 10	350—500	1650—2100	elektrisch	manuell	
Jungheinrich & Co.,	Ameise-Junior ECE	1000	2100—3500	elektrisch	elektrisch	1500—2200
Hamburg	Ameise Schmalspurstapler EDC[1])	1000, 2000	2750—3550	elektrisch	elektrisch	1800—2200
	Ameise-Breitspurstapler EDB[1])	2000, 3000	2600—3400	elektrisch	elektrisch	1800—2400
	Ameise-Plattformstapler EDP[1])	1500, 2000, 3000	2600—3500	elektrisch	elektrisch	

[1]) Diese Geräte können auch mit Fahrerstand und Quersitz geliefert werden.
ED = Deichsel. ES = Fahrerstand. EQ = Quersitz.

Hersteller	Type	Tragkraft kg	Hubhöhe mm	Antriebsart Stapeln	Antriebsart Fahren	Bauhöhe mm
FAGU, Erich A.	250 T	250	3000	elektrisch	manuell	1970
Fitjer, Pfungstadt	300	300	1600	elektrisch	manuell	1970
bei Darmstadt	400 T	400	3000	elektrisch	manuell	1970
	500	500	1600	elektrisch	manuell	1970
Kaiser-Kraft,	EGS 5 / EGS 12	500—1250	1600—3500	elektrisch	elektrisch	
Stuttgart-Untertürkheim	CONNY-CAR 50/100	500—1000	1600—3000	elektrisch	elektrisch	
Köttgen & Cie GmbH, Bergisch Gladbach	K-FGH 500—1500 Einfachmast	500—1500	1500	elektrisch	elektrisch	
	K-FGH 500—1500 Teleskopmast	500—1500	2500	elektrisch	elektrisch	1980
Mafi-Gerätebau,	Mafi 9422—03—2	300		manuell/ elektrisch	manuell	
Korntal/Württ., Postfach 10	Mafi 9422—05—2	500		manuell/ elektrisch	manuell	
	Mafi 9422—03—22	300	1405—2950	manuell/ elektrisch	manuell	
	Mafi 9422—03—25	300		manuell/ elektrisch	manuell	
	Mafi 9422—03—30	300		manuell/ elektrisch	manuell	

Hersteller	Type	Tragkraft kg	Hubhöhe mm	Antriebsart Stapeln	Antriebsart Fahren	Bauhöhe mm
FA-GE Rubner, Mellrichstadt	Universalstapler	250	1500—2000	elektrisch	manuell	1900/2400 (1600—3000)
	PrE	500—1000	2280—5080	elektrisch	manuell	
	PrT	500—1000	2280—5080	elektrisch	manuell	
	AE	500—1000	2280—5080	elektrisch	manuell	
	AT	500—1000	2280—5080	elektrisch	manuell	
	PIE	500—1000	2280—5080	elektrisch	manuell	
	PIT	500—1000	2280—5080	elektrisch	manuell	
	EGV 1000	1000	1540—3910	elektrisch	elektrisch	(1600—2500)
	EGP 1200	1200	1540—3910	elektrisch	elektrisch	
	EGV 1200	1200	1540—3910	elektrisch	elektrisch	
C. & W. Stichelschmidt, Volmarstein/Ruhr	Mücke 4, 5, 6	500—1500	3000	elektrisch	elektrisch	
	Mücke Werkstattkran	500—1500 1000—2000	3000	elektrisch	elektrisch	
Ernst Wagener, Reutlingen	V	bis 800	bis 3450	elektro-hydraulisch	manuell	bis 3510
	ESV—L 1000	bis 1000	bis 2950	elektro-hydraulisch	elektrisch	bis 1950
Steinbock-GmbH, Moosburg/Obb.	HBS 0,6	600	bis 3200	elektrisch	manuell	bis 2260
	HBS 0,8	800	bis 3200	elektrisch	manuell	bis 2260

7. Gabelstapler

In dieser Gruppe sind alle vollmotorischen Geräte zusammengefaßt, die gleichzeitig über einen Fahrsitz oder -stand verfügen und dadurch über größere Arbeitsbereiche rationell einsatzfähig sind. Man unterscheidet hier Diesel-, Elektro- und Benzinstapler. Diese Gabelstapler erreichen eine Geschwindigkeit bis zu ca. 40 km/h, eine Hub- und Senkgeschwindigkeit von ca. 0,1 bis 1,0 m/sec., eine Hubhöhe bis zu 6,0 m und eine Minimalbauhöhe von 1200 mm. Sie können mit einer Vielzahl von Sondervorrichtungen versehen werden, wie Zangen, Klammern usw.

Gabelstapler

Die Tabelle auf den Seiten 167 bis 175 gibt einen Überblick über eine Auswahl von Gabelstaplertypen[1]).

[1]) Angaben ohne Gewähr.

Gabelstapler

Hersteller	Type	Tragkraft kg	Hubhöhe mm	Antriebsart B = Benzin D = Diesel E = Elektro	Geschwindigkeit mit Last Fahrgeschw. km/h	Geschwindigkeit mit Last Hubgeschw. m/sec	Geschwindigkeit mit Last Senkgeschw. m/sec	Bauhöhe mm
Almocar KG, Dachau	CONNY-Car	1000	3000	E	5,5	0,2	0,8	1985
	ALMOCAR D 160	1600	2700	D	15,0	0,3	0,8	1920
	ALMOCAR B 160	1600	2700	B	15,0	0,3	0,8	1920
	ALMOCAR B 120	1200	2700	B	15,0	0,3	0,8	1920
	ALMOCAR B 100	1000	2700	B	15,0	0,3	0,8	1920
BKS-GmbH, Velbert	DV/VG 20 — VD/VG 100	1000—5000	2540—3660	D/B	13—14,5	0,15—0,367	0,25—0,417	1730—2290
	VD/VGP 20 F — DVP/VGP 100	1000—5000	2540—3660	D/B	15—20	0,20—0,35	0,25—0,417	1765—2325
	VE 1224 — VE 5080	600—2500	2490—3600	E	8,7—13,5	0,217—0,30	0,384—0,50	1730—2290
Credé & Co, Dortmund	DFG 1000 — 3500	1000—3500	2500—4000	D	20—23	0,23—0,28	0,40—0,42	1800—2800
	BFG 4000 — 6000	4000—6000	2900—5200	B	20	0,25	0,30	2200—3350
	DFG 4000 — 6000	4000—6000	2900—5200	D	20	0,25	0,30	2200—3350
Gesellschaft für Linde's Eismaschinen AG, Aschaffenburg	H3K	2000	2650 oder 3150 oder 3650 oder 5000	D	17	0,22	0,35	1950 oder 2190 oder 2440 oder 3115

Hersteller	Type	Tragkraft kg	Hubhöhe mm	Antriebsart B = Benzin D = Diesel E = Elektro	Geschwindigkeit mit Last Fahrgeschw. km/h	Hubgeschw. m/sec	Senkgeschw. m/sec	Bauhöhe mm
Geveke, Düsseldorf	Challenger 20 — 460	1000—21000	1800—6000	B/D/E/ Treibgas	19,3—40,5	0,17—0,66	0,28—0,91	1760—5000
	Space-Saver S20A — S100B	1000—5000	1800—5000	B/D/E/ Treibgas	16—18	0,30—0,66	0,35—0,91	1760—3800
Jungheinrich & Co, Hamburg	Ameise 55 S	800	2700—4500	E	10,5	12 (33)	regulierbar	1800—2200
	Ameise 60	1000, 1250, 1500	2700—4500	E	10	22 (33)	regulierbar	1800—2200
	Ameise 60 S (alle Vierradgabelstapler)	1000, 1250	2700—4500	E	18	22 (33)	regulierbar	1800—2200
	Ameise 57 (Dreiradgabelstapler)	600, 800	2700—3500	E		10 (12)	regulierbar	1800—2200
	Ameise Retrak	800	2700—3500	E	5,6	9,5 (12)	regulierbar	1800—2200
	Ameise Retrak (Schiebemastgabelstapler)[1]	1000, 1200, 1500, 2000	2700—5200	E	5,6	18 (28,5)	regulierbar	1800—2250
	Ameise-Retraktor (Schiebemast-Quersitz)	2000	2400—4700	E, DE	25	7,2 (7,4)	regulierbar	1800—2300
	Ameise-Deichsel-Gabelstapler	1000, 1250, 1500	2700—5250	E	4	22 (33)	regulierbar	1800—2250

[1]) Diese Geräte wahlweise Quersitz oder Fahrerstand Normal oder Breitspur.

Hersteller	Type	Tragkraft kg	Hubhöhe mm	Antriebsart B = Benzin D = Diesel E = Elektro	Geschwindigkeit mit Last Fahrgeschw. km/h	Hubgeschw. m/sec	Senkgeschw. m/sec	Bauhöhe mm
Kaiser-Kraft, Stuttgart-Untertürkheim	EGF 5/T EGF 10/T	500—1000	1600—3500	E	6	0,16	—	
	EGF 12/T	1250	1600—3500	E	6	0,16		
	MAMRAL 103 B	1000	2700—4700	B	15	0,2	0,3	
	123 B	1200	2700—4700	B	15	0,2	0,3	
	153	1500	2700—4700	B+D	15	0,2	0,3	
Köttgen & Cie GmbH, Bergisch-Gladbach	K-QSS Einfachmast	500—1500	1500	E				1980
	K-QSS Teleskopmast	500—1500	2500	E				1980
Maschinenfabrik Eßlingen, Eßlingen, Postfach 85	EG 1/2	1000	3300	E	10—11	0,24	0,3	2140
	EG 1,2/2	1200	3300	E	10—11	0,22	0,3	2140
	EG 1	1000	3250	E	11	0,18	0,5	2200
	EG 1,2	1200	3250	E	11	0,17	0,5	2200
	EG 1,5/2	1500	3250	E	11	0,16	0,2	2200
	EG 2	2000	3250	E	11	0,16	0,5	2200
	EG 2,5	2500	3250	E	10	0,12	0,55	2200
	EG 3,2	3200	3360	E	11	0,1	0,4	2200
	EG 3,5	3500	3250	E	8	0,09	0,2	2300
	EG 5	5000	3250	E	8	0,08	0,2	2450

Hersteller	Type	Tragkraft kg	Hubhöhe mm	Antriebsart B = Benzin D = Diesel E = Elektro	Geschwindigkeit mit Last: Fahrgeschw. km/h	Geschwindigkeit mit Last: Hubgeschw. m/sec	Geschwindigkeit mit Last: Senkgeschw. m/sec	Bauhöhe mm
	DG 1/2	1000	3300	D	13	0,32	0,3	2140
	DG 1,2/2	1200	3300	D	13	0,32	0,3	2140
	DG 1	1000	3250	D	19,5	0,23	0,5	2200
	DG 1,2	1200	3250	D	19,5	0,23	0,5	2200
	DG 1,5/2	1500	3250	D	20	0,23	0,2	2200
	DG 2	2000	3250	D	20	0,25	0,5	2200
	DG 2,5	2500	3250	D	20	0,25	0,45	2200
	DG 2 A	2000	3250	D	20	0,28	0,25	2200
	DG 2,5 A	2500	3250	D	20	0,26	0,25	2200
	DG 3 A	3000	3250	D	20	0,24	0,25	2200
	DG 3,5	3500	3250	D	21	0,17	0,16	2300
	DG 4	4000	3250	D	21	0,16	0,16	2300
	DG 4,5	4500	3250	D	21	0,15	0,15	2450
	DG 5	5000	3250	D	17,5	0,12	0,15	2450
	DG 6	6000	3250	D	17,5	0,12	0,15	2450
	DG 8	8000	3250	D	32	0,15	0,3	2800
	DG 10	10000	3250	D	27	0,11	0,25	3150
	DG 3,5/3	3500	3250	D	24	0,2	0,16	2360
	DG 4/3	4000	3250	D	24	0,2	0,16	2360
	DG 4,5/3	4500	3250	D	24	0,15	0,15	2510
	DG 5/3	5000	3250	D	24	0,15	0,15	2510
	DG 6/3	6000	3250	D	24	0,15	0,15	2510

Hersteller	Type	Tragkraft kg	Hubhöhe mm	Antriebsart B = Benzin D = Diesel E = Elektro	Geschwindigkeit mit Last			Bauhöhe mm
					Fahrgeschw. km/h	Hubgeschw. m/sec	Senkgeschw. m/sec	
FA-GE Rubbner, Mellrichstadt	Stand-Fahr-Stapler	600	1120—3910	E	5,2	0,12	0,15	1600—2500
	Schubmast-Gabelstapler	1200	1600—3960	E	10	0,12	0,15	1600—2500
	Front-Gabelstapler BTFG 1201	1200	1600—3960	B/Treibgas	15	0,36	0,40	1600—2500
	Elektro-Geh-Stapler	1200	1540—3910	E	4,6	0,12	0,15	1600—2500
Ruhr-Intrans Hubstapler GmbH, Mühlheim/Ruhr	ECE 2024	750—1000	3150	E	9,5	0,19	1,00	2120
	DCE 2024	1000	3150	D	14,5	0,18	0,90	2120
	Y 2024	1000	3150	D	18	0,18	0,90	2175
	Y 2024 ex	1000	3150	D	18	0,18	0,90	2170
	ECE 2024 „B“	1200	3150	E	9,5	0,19	1,00	2120
	RCF 30	1500	3305	D	13,6	0,40	0,35	2160
	RCFY 30	1500	3305	D	19,5	0,40	0,35	2160
	ECL 4024	2000	3050	E/D	8,2	0,14	0,70	2110
	DC 40	2000	3305	E/D	12,6	0,40	0,31	2110
	DCY 40	2000	3305	D	17,3	0,40	0,31	2160
	ECL 50	2500	3050	D	8,2	0,14	0,70	2110
	DC 50	2500	2305	D	12,6	0,29	0,32	2110

Hersteller	Type	Tragkraft kg	Hubhöhe mm	Antriebsart B = Benzin D = Diesel E = Elektro	Geschwindigkeit mit Last Fahrgeschw. km/h	Hubgeschw. m/sec	Senkgeschw. m/sec	Bauhöhe mm
	DCY 50	2500	3150	D	17,3	0,29	0,32	2160
	DC 70	3500	3305	D	15,7	0,32	0,38	2210
	DCY 70	3500	3305	D	18,5	0,30	0,30	2340
	DCY 80	4000	3305	D	18,5	0,29	0,29	2340
	UT 100	5000	2490	D	10	0,18	0,26	2110
	DCY 100	5000	3000	D	16,9	0,30	0,21	2380
	DCY 150	6800	5335	D	21,3	0,31	0,30	3885
	DCFY 150	6800	5335	D	27,8	0,31	0,30	3885
	DCY 165	7500	5335	D	21,3	0,30	0,30	3885
	DCFY 165	7500	5335	D	27,8	0,30	0,30	3885
	DCY 180	8165	5335	D	21,3	0,27	0,30	3885
	DCFY 180	8165	5335	D	27,8	0,27	0,30	3885
	DCY 200 S	9080	5335	D	21,3	0,23	0,30	3995
	DCFY 200 S	9080	5335	D	27,8	0,23	0,30	3995
	DCY 225	10200	5335	D	23,0	0,24	0,30	3995
	DCFY 225	10200	5335	D	30,4	0,24	0,30	3995
	DCY 250	11340	5335	D	22,9	0,22	0,30	3995
	DCFY 250	11340	5335	D	29,8	0,22	0,30	3995
	Y 350	16000	4572	D	20,7	0,13	0,10	6200
	Y 400	18000	4572	D	20,7	0,13	0,10	6200

Hersteller	Type	Tragkraft kg	Hubhöhe mm	Antriebsart B = Benzin D = Diesel E = Elektro	Geschwindigkeit mit Last Fahrgeschw. km/h	Hubgeschw. m/sec	Senkgeschw. m/sec	Bauhöhe mm
C. & W. Sichelschmidt, Volmarstein/Ruhr	Mücke 7	500—1000	3000	Batterie	4,8	0,15		
	Mücke 7	1250	4000	Batterie	6	0,15		
	Mücke-Schubmast	500—1000	3000	Batterie	6	0,15		
Hans Still AG, Hamburg-Billstedt	EFG 601 E	600	3300	E	4,5	0,06	0,33	2200
	EFG 601 K 06	600	3300	E	6,9	0,16	0,6	2200
	EFG 801 K 07	600	3300	E	6,5	0,18	0,6	2200
	EFG 601	600	3400	E	9,0	0,2	0,6	2200
	EFG 601/S	600	3400	E	12,5	0,2	0,6	2200
	EFG 1001 E	1000	3300	E	4,5	0,06	0,33	2200
	EFG 1001	1000	3400	E	8,5	0,16	0,6	2200
	EFG 1001 K 06/S	1000	3400	E	8,5	0,16	0,6	2200
	EFG 1001 S	1000	3400	E	11,5	0,16	0,6	2200
	EFG 1001 K 06	1000	3400	E	11,5	0,16	0,6	2200
	EFG 1201	1200	3400	E	8,0	0,13	0,6	2200
	EFG 1201/S	1200	3400	E	11,0	0,13	0,6	2200
	EFG 1501	1500	3400	E	8,0	0,12	0,6	2200
	EGS 1000/08	1000	3400	E	7,5	0,15	0,5	2200

Hersteller	Type	Tragkraft kg	Hubhöhe mm	Antriebsart B = Benzin D = Diesel E = Elektro	Geschwindigkeit mit Last Fahrgeschw. km/h	Hubgeschw. m/sec	Senkgeschw. m/sec	Bauhöhe mm
	EGS 1002	1000	3400	E	11,0	0,185	0,6	2200
	EGS 1502	1500	3400	E	12,0	0,16	0,6	2200
	EGS 2000	2000	3300	E	11,5	0,16	0,55	2200
	EGS 2500	2500	3300	E	11,5	0,16	0,55	2200
	EFG 1002 L/VA 2	1000	3400	E	14,0	0,18	0,5	2200
	EFG 1002 LS (VS) A 3	1000	3500	E	18,0	0,18	0,5	2200
	EFG 1202 L VA 2	1200	3400	E	12,5	0,15	0,5	2200
	EFG 1502 V/A 2	1500	3400	E	14,0	0,20	0,5	2200
	EFG 2002	2000	3300	E	14,0	0,17	0,5	2200
	EFG 2502 V/A 2	2500	3300	E	12,5	0,16	0,5	2200
	DFG 1001	1000	3400	D	12,5	0,26	0,6	2200
	DFG 1201	1200	3400	D	12,5	0,22	0,6	2200
	DFG 1002 L/V	1000	3400	D	14,0	0,26	0,6	2200
	DFG 1202 L/V	1200	3400	D	14,0	0,22	0,6	2200
	DFG 1502	1500	3400	D	15,0	0,24	0,55	2200
	DFG 2002/LG	2000	3300	D	17,5	0,25	0,5	2200
	DFG 2502/LG	2500	3300	D	17,0	0,22	0,5	2200

Hersteller	Type	Tragkraft kg	Hubhöhe mm	Antriebsart B = Benzin D = Diesel E = Elektro	Geschwindigkeit mit Last Fahrgeschw. km/h	Hubgeschw. m/sec	Senkgeschw. m/sec	mm Bauhöhe
Steinbock-GmbH, Moosburg/Obb.	EFG 0,6	600	1510	E	6,8	0,16	—	1900
	EFG 0,8 c	800	1510	E	7,3	0,15	—	1900
	EFG 1 E	1000	1455	E	10,8	0,18	0,30	1900
	DFG, BFG 1	1000	1455	D + B	18,0	0,40	0,30	1900
	EFG 1,0 T	1000	1455	E	9,0	0,16	0,30	1900
	EFG 1,25 T	1250	1455	E	8,5	0,15	0,30	1900
	EFG 1,5 D	1500	1455	E	10,7	0,18	0,30	1900
	DFG, BFG 1,5 c	1500	1455	D + B	18,0	0,30	0,30	1900
	DFG, BFG 2 c	2000	1455	D + B	21,0	0,26	0,30	1900
	DFG, BFG 2,5	2500	2800	D + B	24,0	0,21	0,30	1900
	DFG, BFG 2,5 R	2500	2800	D + B	21,0	0,25	0,30	1900
	EFG 2,5	2500	2800	E	8,5	0,14	0,30	1900
	DFG, BFG 3	3000	2800	D + B	20,0	0,24	0,30	1900
	DFG, BFG 3,5	3500	2400	D + B	20,0	0,22	0,30	1900
Ernst Wagner, Apparatebau, Reutlingen	EFS b	1000—2000	bis 5670	E	bis 12	0,14	0,5	bis 2400
	ESS b	1000—2000	bis 5670	E	bis 7,0	0,10	0,5	bis 2400
	ESG	600—2000	bis 3580	E	bis 7,0	0,17	0,5	bis 2200
	ESS a	1000	bis 3150	E	bis 7,0	0,10	0,5	bis 2200

Weitere Hersteller von Hubwagen, Hochhubwagen und Gabelstaplern[1])

Ingenjörsfirman Alexander Bloemer, Halmstadt/Schweden, Hemmansvägen 36.

Albert Irion Nachfolger, Hub- und Fahrgerätewerke, Stuttgart-Bad Cannstatt, Postfach 609, Nagoldstr. 53—55.

Friedhelm Krups, Neuwied/Rhein, Postfach 205, Eduard-Verhülsdonk-Str. 5.

Lohnerwerke Gesellschaft mbH, Wien IX, Porzellangasse 2.

Herbert Nagel KG, Fahrgeräte und Hebezeugbau, Bietigheim/Württ.

Zenith Maschinenfabrik GmbH, Neunkirchen, Krs. Siegen, Postfach 60.

[1]) In den Tabellen auf den Seiten 159 bis 161, 163 bis 165 und 167 bis 175 nicht enthalten.

Anhang

Kurzübersicht über die tarifarische Behandlung der Paletten bei der Deutschen Bundesbahn

	Stückgut	Wagenladungen
Austauschpaletten, Flach-, Box- und Gitterboxpaletten	a) Eigengewicht bleibt frachtfrei, jedoch wird Fracht für mindestens 100 kg erhoben. Bei Verwiegung durch die Eisenbahn werden 30 / 60 / 80 kg als Eigengewicht abgezogen. b) Rücksendung entfällt.	a) Eigengewicht bleibt frachtfrei. b) Rücksendung entfällt.
Kundensonderpaletten nach Vertrag	a) Wie vor. b) Für Rücksendung auf Begleitschein wird im Lastlauf eine Palettengebühr berechnet. Sie beträgt für km / Flachpaletten / Box- und Gitterboxpaletten: 1 — 199: 1,— / 1,50 200 — 399: 2,— / 2,50 400 und mehr: 3,— / 3,50	a) Eigengewicht wird wie nach § 50 ATV mit dem Teil zur Frachtberechnung herangezogen, der 10 % des aufgeladenen Gutes übersteigt. b) Rücksendung: (1) Als Stückgut: Frachtzahlung für die Hälfte des unter a) frachtpflichtigen Mehrgewichts. (2) Bei guter Raumausnutzung als Wagenladung für 15 DM ermäßigte Fracht nach § 50 ATV.
Sonderpaletten im Wagenladungsverkehr nach Zulassung	Für Stückgutverkehr nicht zugelassen, daher ggf. Frachtberechnung wie für Packmittel.	a) Wie vor. b) Rücksendung: (1) Als Stückgut nicht zugelassen, daher ggf. Behandlung als Gut. (2) Als Wagenladung für 15 DM ermäßigte Fracht nach § 50 ATV.
Keine Zulassung	Keine Frachtermäßigung.	Keine Frachtermäßigung.

Deutscher Eisenbahngütertarif

(Auszug)

§ 30

Gebrauchte Packmittel

(1) Für gebrauchte Packmittel — abweichend von § 22 auch für die nach Abschnitt I der Gütereinteilung sperrigen Packmittel — wird bei Aufgabe als Frachtstückgut der Frachtberechnung das halbe wirkliche Gewicht zugrunde gelegt, wenn nachstehende Bedingungen erfüllt sind:

a) Im Frachtbrief müssen die Packmittel nach ihrer Art bezeichnet sein.

b) Die Packmittel müssen mit den hiermit zuletzt verpackten Gütern auf deutschen Eisenbahnen befördert worden sein.

Die Tarifentfernung des vorausgegangenen Vollaufes muß mindestens die Hälfte der Tarifentfernung betragen, über welche die Packmittel leer befördert werden sollen.

c) Der Absender muß im Frachtbrief vermerken

„Gebrauchte Packmittel; die hiermit zuletzt verpackten Güter sind auf der Eisenbahn befördert worden"

und bei Aufgabe der Packmittel durch Vorlage des Frachtbriefes über den vorausgegangenen Vollauf oder nach Vereinbarung mit der Eisenbahn in anderer geeigneter Weise nachweisen, daß die Bedingungen nach Abs. b) erfüllt sind. Die Eisenbahn kann auf den Nachweis verzichten.

Werden solche Packmittel als Frachtgut in Wagenladungen aufgeliefert, so werden der Frachtberechnung nach den Frachtsätzen für Stückgut bei Erfüllung der genannten Bedingungen 50 % des wirklichen Gewichtes, mindestens — abweichend von § 8 (3) — 1000 kg zugrunde gelegt, wenn sich hierbei eine billigere Fracht ergibt.

Die Eisenbahn ist berechtigt, auf den Frachtbriefen über den Vollauf oder in den sonstigen Beweismitteln die Rücksendung der Packmittel zu vermerken.

Dem Frachtbrief für den Vollauf einer Sendung darf der für die Rücksendung ihrer Verpackung bestimmte Frachtbrief beigegeben werden.

(2) Für gebrauchte Packmittel, und zwar für

gebrauchte Säcke,

gebrauchte Sackgewebe aus Jute,

gebrauchte	Bottiche Fässer Kübel Trommeln Zuber	aus Holz,	gebrauchte	Drums Eimer Fässer Hobbocks Kanister Kannen Trommeln Zuber	aus Eisen,

die von gewerblichen Ausbesserungs-, Sammel-, Verleih- oder Verwertungsbetrieben auf dem für den Sitz dieser Betriebe zuständigen Bahnhof als Frachtstückgut aufgeliefert werden, wird die Fracht, sofern nicht die Bedingungen des Abs (1) erfüllt sind, für 70 % des wirklichen Gewichts berechnet.

(3) Für unhandliche gebrauchte Packmittel wird bei Auflieferung als Frachtstückgut der Frachtberechnung das anderthalbfache wirkliche Gewicht zugrunde gelegt, wenn die Bedingungen des Abs. (1) erfüllt sind, jedoch nicht mehr als das um 700 kg erhöhte halbe wirkliche Gewicht.

Zu (1) bis (3): Für Packmittel — neue oder gebrauchte —, die zur Füllung versandt worden sind, wird auf Antrag im Erstattungsweg die Fracht unter nachstehenden Bedingungen nach den Abs. (1) und (3) berechnet und der Frachtunterschied erstattet:

a) Die Packmittel müssen in gefülltem Zustand auf der Eisenbahn versandt worden sein,

b) $\frac{\text{Absender und Versandbahnhof}}{\text{Empfänger und Bestimmungsbahnhof}}$ der Leergutsendung

müssen $\frac{\text{Empfänger und Bestimmungsbahnhof}}{\text{Absender und Versandbahnhof}}$ der Vollsendung sein.

§ 50

Nicht der Eisenbahn gehörende Ladegeräte und Wärme- und Kälteschutzmittel

(1)

a) Ladegeräte sind Befestigungsmittel und Behelfsvorrichtungen zur betriebssicheren Unterbringung der Güter auf oder in den Eisenbahnwagen. Sie dienen zur Verhütung von Gefährdungen des Eisenbahnbetriebes, indem mit ihrer Hilfe die Güter so untergebracht werden, daß sie nicht herabfallen, umfallen, durchbrechen oder sich verschieben.

Als Ladegeräte gelten ferner:

Vorrichtungen zur Erhöhung oder Ergänzung der Wagenwände bei offenen Wagen, Bretter, Balken und Stützen, die als behelfsmäßige Zwischenböden dienen, einschließlich der Verbindungs- und Befestigungsmittel,

Teil- und Schutzwände,

Vorsetzbretter, Vorsetzgitter (Bretterverschläge) und Vorsetzplatten für Schüttgüter und lose verladene Güter,

behelfsmäßige Vorrichtungen zum Aufhängen von frischem Fleisch.

Als Ladegeräte gelten nicht Teile des Gutes selbst, die zu den vorbezeichneten Zwecken verwendet werden.

b) Wärme- und Kälteschutzmittel sind Gegenstände, die witterungsempfindlichen Gütern zum Schutz gegen Wärme oder Kälte während der Eisenbahnbeförderung beigegeben werden, z. B.

Eis (auch Trockeneis)	Strohmatten	Torfmull
Eisbehälter	Bastmatten	Heizapparate
Heu	Decken	Heizöfen
Stroh	Filztafeln	

Zu den Wärme- und Kälteschutzmitteln gehören nicht Gegenstände, die hauptsächlich dem Schutze der Güter gegen Verlust oder Beschädigung, also der Verpackung, dienen.

A. Beförderung mit dem Gut

(2) Bei der Beförderung mit dem Gut werden die Ladegeräte und Wärme- und Kälteschutzmittel *frachtfrei* befördert, und zwar:

a) Ladegeräte bis zu 10 % des wirklichen Gewichtes des Gutes, für das sie verwendet werden,

b) Wärme- und Kälteschutzmittel bis zu 10 % des wirklichen Gewichtes des Gutes, für das sie verwendet werden,

c) Eis, auch Trockeneis, in der zum Schutze der Sendung unbedingt erforderlichen Menge.

(3) Die frachtfreie Beförderung nach Abs. (2) wird nur gewährt:

a) bei Berechnung der Fracht nach den Bestimmungen für Wagenladungen,

b) für Sendungen mit Gegenständen des § 20.

(4) Ist das Gewicht der Ladegeräte oder Schutzmittel höher als die nach Abs. (2) frachtfrei zu befördernde Menge, so wird das Mehrgewicht dem wirklichen Gewicht des Gutes, bei Zusammenladung ungleich tarifierter Güter dem wirklichen Gewicht des Gutes, das dem Gewicht nach überwiegt, bei gleichen Gewichten demjenigen des höchsttarifierten Gutes zugeschlagen.

(5) Der Absender hat im Frachtbrief in der Spalte „Inhalt“ die Ladegeräte oder Schutzmittel nach ihrer Art mit dem Zusatz „Ladegeräte“ oder „Schutzmittel“ zu bezeichnen und in der Spalte „Wirkliches Rohgewicht“ ihr Gewicht, getrennt von dem Gewicht des Gutes, anzugeben.

Ist das Gewicht der beigegebenen Ladegeräte oder Schutzmittel im Frachtbrief nicht getrennt angegeben, so wird die Fracht für das Gesamtgewicht wie für das Gut berechnet.

(6) Die Tragfähigkeit (Lastgrenze) der Wagen darf mit Einrechnung des Gewichtes der Ladegeräte oder Schutzmittel nicht überschritten werden.

(7) Die Ladegeräte oder Schutzmittel werden auf dem Bestimmungsbahnhof dem Empfänger mit dem Gute ausgeliefert.

Dem Frachtbrief für das Gut, für das die Ladegeräte oder Schutzmittel verwendet werden, darf der für die Rück- oder Weitersendung der Ladegeräte oder Schutzmittel bestimmte Frachtbrief beigegeben werden. Die Eisenbahn haftet nicht für die Folgen, die aus dem Verlust des Frachtbriefes und der nicht ordnungsmäßigen Ausführung des Auftrages entstehen.

B. Beförderung ohne Gut

(8)

a) Ladegeräte oder Schutzmittel *ohne* Gut von oder für Sendungen nach Abs. (3) werden bis zu 10 % des wirklichen Gewichtes des Gutes, für das sie verwendet worden sind oder verwendet werden sollen, bei Aufgabe als Frachtstückgut *frachtfrei* und bei Aufgabe als Frachtgutwagenladung *gegen eine ermäßigte Fracht* befördert, und zwar:

   vom Bestimmungsbahnhof des Gutes nach einem beliebigen Bahnhof (Rück- oder Weitersendung),

   von einem beliebigen Bahnhof nach dem Versandbahnhof des Gutes, für das sie verwendet werden sollen (Hinsendung).

b) Ist das Gewicht der Ladegeräte oder Schutzmittel bei Aufgabe als Frachtstückgut höher als die nach Abs. a) frachtfrei zu befördernde Menge, so wird für das Mehrgewicht die Fracht nach den Bestimmungen für Stückgut unter Zugrundelegung des halben Mehrgewichts berechnet.

c) Die Ladegeräte oder Schutzmittel müssen bei Aufgabe als Frachtstückgut soweit wie möglich zerlegt sein. Die Aufgabe als Frachtgutwagenladung gegen eine ermäßigte Fracht ist nur mit Zustimmung der Eisenbahn zugelassen.

d) Bei der *Rück- oder Weitersendung* sind die Ladegeräte oder Schutzmittel innerhalb dreier Monate nach Ankunft aufzugeben. Bei der Auflieferung ist der Frachtbrief über die Sendung, bei der die Gegenstände verwendet worden sind, vorzulegen.

Der Absender hat in den Frachtbrief einzutragen:

in die Spalte „Anschrift oder Zeichen und Nummer" den Namen des Eigentümers;

in die Spalte „Inhalt" die Art der Ladegeräte oder Schutzmittel und darunter den Vermerk:

„Die $\frac{\text{Ladegeräte}}{\text{Schutzmittel}}$ sind für eine Sendung von .... (Absender) in .... an .... (Empfänger) in .... verwendet worden";

in die Spalte „Wirkliches Rohgewicht" das Gewicht der Ladegeräte oder Schutzmittel.

e) Bei der *Hinsendung* der Ladegeräte oder Schutzmittel nach dem Versandbahnhof des Gutes, für das sie verwendet werden sollen, ist im Frachtbrief der Vermerk anzubringen:

„Für die von .... (Absender) in .... an .... (Empfänger) in .... aufzuliefernde Sendung von mindestens .... kg bestimmt." Das Gut, für das die Ladegeräte oder Schutzmittel verwendet werden sollen, muß innerhalb dreier Monate aufgeliefert werden.

f) Für Ladegeräte oder Schutzmittel ohne Gut, die mit Zustimmung der Eisenbahn innerhalb der in d) und e) vorgesehenen Frist als Frachtgutwagenladung aufgeliefert werden, wird bei Verwendung eines bahneigenen Wagens eine ermäßigte Fracht von 10 DM und bei Verwendung eines Privatwagens die Leerlauffracht nach § 46 (16) berechnet.

Ist das Gewicht der Ladegeräte oder Schutzmittel höher als die nach Abs. a) gegen eine ermäßigte Fracht zu befördernde Menge, so wird die ermäßigte Fracht oder die Leerlauffracht und für das Mehrgewicht die Fracht nach Abs. b) oder für das wirkliche Mehrgewicht — mindestens für 1000 kg — nach den Frachtsätzen der Klasse F 15 berechnet, wenn sich hierbei eine billigere Fracht ergibt. Bei Verwendung von Privatwagen wird die Fracht für das Mehrgewicht um den Privatwagenabschlag nach § 46 (4) gekürzt.

Bei gleichzeitiger Auflieferung von Ladegeräten oder Schutzmitteln und Wagendecken und Deckenträgern des § 49 in einem Wagen wird die ermäßigte Fracht oder die Leerlauffracht nur einmal erhoben.

Erläuterungen zu § 50

1. Zu den Ladegeräten, die zur *betriebssicherern* Unterbringung der Güter auf oder in den Eisenbahnwagen dienen, gehören z. B. folgende Befestigungsmittel und Behelfsvorrichtungen, die zur Sicherheit des Bahnbetriebes nach den Vorschriften über die Beladung der Güterwagen (Beladevorschriften, DEGT Teil I Abs. A, Anl. I) verwendet werden:

   Ketten, Seile, Stricke, Draht, Vorlegekeile, Streben, Stützen, Gerüste, sämtlich zur betriebssicheren Beförderung von leicht rollenden, sich leicht verschiebenden, leicht umfallenden Gütern, z. B. von Fahrzeugen, fahrbaren Maschinen, Behältern, Röhren, Eisenbauwerksteilen, Kisten mit großen Glasscheiben;

   Unterlagen aus Eisen oder Holz für schwere Fahrzeuge und für sonstige schwere Güter;

   Bockgestelle, Ladeböcke, Schräggestelle, sämtlich für besonders hohe und in schräger Lage auf den Wagen unterzubringende Güter;

   Langbäume für Heu-, Stroh- u. dgl. Ladungen.

   Als Ladegeräte gelten auch Unterlagen, wie Ladeböcke, *Hubunterlagen (Paletten)*, Sattelböcke für Blechstapel oder für Blechpakete, Ladeschienen und Radschuhe zur betriebssicheren Unterbringung von Motorrädern auf Eisenbahnwagen.

2. Die nicht oder nicht überwiegend zur betriebssicheren Unterbringung dienenden, trotzdem aber wie Ladegeräte zu behandelnden Gegenstände sind im Abs. (1) a) namentlich und erschöpfend aufgeführt.

   Zu den Teil- und Schutzwänden zählen auch Hölzer zur Unterbringung von Dachpappenrollen im Eisenbahnwagen.

3. Nicht als Ladegeräte gelten z. B. Unterlagen (Holzroste, Matten u. dgl.) zum Schutze der Güter, Gestelle und Zwillingskisten für unverpackte Rohglasscheiben, ferner nicht Motorenböcke (Gestelle), die überwiegend zum Schutze der Motoren während der Beförderung dienen.

4. Zu den Wärme- und Kälteschutzmitteln rechnen auch die zur Durchlüftung der Obst- und Gemüsewagen verwendeten Drahtgitter.

Zu § 50 (2) a) bis e): Beispiele:

	Wirkliches Gewicht der Sendung	Fracht zu berechnen für
1.	5 600 kg Gut der Kl F	5 600 kg nach F 5
	280 kg Ladegeräte	— (frachtfrei)
2.	7 200 kg Gut der Kl C/D palettiert	7 200 kg nach C/D 10
	450 kg Paletten als Ladegeräte	— (frachtfrei)
	3 500 kg Gut der Kl F nicht palettiert	3 500 kg nach F 10
3.	5 800 kg Gut der Kl C/D	5 800 kg nach C/D 5
	120 kg Stroh als Kälteschutzmittel	— (frachtfrei)
4.	10 500 kg Gut der Kl A/B	10 500 kg nach A/B 10
	999 kg Eis als Wärmeschutzmittel	— (frachtfrei)
5.	18 200 kg Gut der Kl A/B	18 200 kg nach A/B 15
	1 800 kg Paletten als Ladegeräte	— (frachtfrei)
	20 000 kg	

Zu § 50 (4): Beispiele:

	Wirkliches Gewicht der Sendung	Fracht zu berechnen für
1.	25 000 kg Gut der Kl A/B	25 000 kg
	3 200 kg Ladegeräte (davon frachtfrei 2 500 kg)	700 kg (3200—2500 kg)
		25 700 kg nach A/B 20
2.	10 500 kg Gut der Kl F	10 500 kg
	5 600 kg Gut der Kl C/D	190 kg (1800—1610 = 190)
	16 100 kg	10 690 / 10 700 kg nach F 15
	1 800 kg Ladegeräte (davon frachtfrei 1 610 kg)	5 600 kg nach C/D 15
3.	5 300 kg Gut der Kl C/D palettiert	5 300 kg
	700 kg Paletten als Ladegeräte (davon frachtfrei 530 kg)	170 kg (700—530 = 170)
		5 470 / 5 500 kg nach C/D 10
	4 900 kg Gut der Kl F nicht palettiert	4 900 kg nach F 10
4.	14 800 kg Gut der Kl C/D	14 800 kg
	1 700 kg Ladegeräte (davon frachtfrei 1 480 kg)	220 kg (1700—1480 = 220)
		15 020 /15 100 kg nach C/D 15
5.	5 600 kg Gut der Kl A/B	5 600 kg nach A/B 5
	960 kg Eis als Wärmeschutzmittel	— (frachtfrei)
	1 200 kg Eis der Kl G (Kundeneis)	1 200 kg nach G 5

Zu § 50 (8):

Ladegeräte werden auch in Kisten u. dgl. verpackt frachtfrei zurückbefördert, wenn der Inhalt und die Bezeichnung mit Namen des Eigentümers und seinem Wohnort ohne Schwierigkeit nachgeprüft werden kann.

Bei Aufgabe der Ladegeräte oder Schutzmittel als Eilstückgut oder bei Nichterfüllung der Bedingungen wird die Fracht nach den allgemeinen Frachtberechnungsvorschriften berechnet.

Beispiele für die Beförderung von Ladegeräten und Paletten ohne Gut zu

den Beispielen zu § 50 (2) a) bis c) 1 und 2 sowie zu
den Beispielen zu § 50 (4) 1 und 3:

Wirkliches Gewicht der Ladegeräte	Fracht zu berechnen entweder für	oder — wenn billiger — für
1. 280 kg Ladegeräte — innerhalb der 10%-Grenze — als Frachtstückgut	— (frachtfrei)	—
2. 450 kg Paletten — innerhalb der 10%-Grenze — als Frachtstückgut	— (frachtfrei)	—
3. 3200 kg Ladegeräte auf Privattiefladewagen (bei Beförderung m. Gut waren 2500 kg frachtfrei)	2500 kg die Leerlauffracht 350 kg (700 kg (Mehrgewicht) : 2) nach Gewichtsstufe 341—360 kg der Frachtentafel	2500 kg die Leerlauffracht 1000 kg (Mindestgewicht) nach F 15, gekürzt um P-Abschlag B
4. 700 kg Paletten als Frachtgutladung in bahneigenen Wagen (bei Beförderung m. Gut waren 530 kg frachtfrei)	530 kg die ermäßigte Fracht (10 DM) 85 kg (170 kg (Mehrgewicht) : 2) nach Gewichtsstufe 81—90 kg der Frachtentafel	— —

Die ermäßigte Fracht oder die Leerlauffracht wird auch für Eis in den Behältern der leeren Kühlwagen, die vom Beeisungsbahnhof nach dem Beladebahnhof oder vom Entladebahnhof nach der Wagensammelstelle oder nach dem neuen Beladebahnhof mit Resteis als Frachtgut aufgeliefert werden, berechnet.

Bei Aufgabe der Ladegeräte oder Schutzmittel als Eilgut (mit oder ohne Mehrgewicht) wird die Fracht für das gesamte Gewicht der Ladegeräte oder Schutzmittel berechnet, und zwar:

a) bei Verwendung eines bahneigenen Wagens nach den allgemeinen Frachtberechnungsbestimmungen für Eilgutwagenladungen,

b) bei Verwendung eines Privatwagens nach § 46 (3) bis (5).

Reichskraftwagentarif

(Auszug)

18. Beförderung der von den Verfrachtern den Sendungen beigegebenen Ladegeräte

(1) Ladegeräte sind Befestigungsmittel und Behelfsvorrichtungen zur betriebssicheren Unterbringung der Güter auf oder in Fahrzeugen. Sie dienen zur Verhütung von Gefährdungen des Straßenverkehrs, indem mit ihrer Hilfe die Güter so untergebracht werden, daß sie nicht herabfallen, umfallen, durchbrechen oder sich verschieben.

Als Ladegeräte gelten ferner:

Vorrichtungen zur Erhöhung oder Ergänzung der Fahrzeugwände, Bretter, Balken, Stützen, die als behelfsmäßige Zwischenböden dienen, einschließlich der Verbindungs- und Befestigungsmittel,

Teil- und Schutzwände,

Vorsatzbretter und Vorsatzgitter (Bretterverschläge) für Schüttgüter und lose verladene Güter,

behelfsmäßige Vorrichtungen zum Aufhängen von frischem Fleisch.

Als Ladegeräte gelten nicht Teile des Gutes selbst, die zu den vorbezeichneten Zwecken verwendet werden.

(2) Bei der Versendung mit dem Gut werden die Ladegeräte bis zu 10 % des wirklichen Gewichtes des Gutes, für das sie verwendet werden, frachtfrei befördert, wenn der Absender im Frachtbrief in der Spalte „Inhalt" die Ladegeräte nach ihrer Art mit dem Zusatz „Ladegeräte" bezeichnet und in der Spalte *„Wirkliches Rohgewicht"* ihr Gewicht, getrennt von dem Gewicht des Gutes, angibt.

Beträgt das Gewicht der Ladegeräte mehr als 10 % des wirklichen Gewichtes des Gutes, für das sie verwendet werden, so wird das Mehrgewicht des Gutes — im Falle der Verwendung für verschieden tarifierte Güter dem Gewicht des höchsttarifierten Gutes — zugeschlagen und die Fracht für das gesamte Gewicht wie für das Gut selbst berechnet.

Ist das wirkliche Gewicht des Gutes, für das die Ladegeräte verwendet werden, niedriger als das der Frachtberechnung zugrunde zu legende Gewicht, so wird der frachtpflichtige Teil des Gewichtes der Ladegeräte darauf angerechnet.

Die Ladegeräte werden am Bestimmungsort dem Empfänger mit dem Gut ausgeliefert.

Dem Frachtbrief für das Gut, für das die Ladegeräte verwendet werden, darf der für die Rücksendung der Ladegeräte bestimmte Frachtbrief beigegeben werden. Der Unternehmer haftet nicht für die Folgen, die aus dem Verlust des Frachtbriefes und der nicht ordnungsmäßigen Ausführung des Auftrages entstehen.

(3) Ladegeräte ohne Gut werden bei der Rücksendung nach dem Versandort des Gutes frachtfrei befördert. Ein Anspruch auf frachtfreie Rückbeförderung der Ladegeräte vor Ablauf eines Zeitraumes von vier Wochen nach Ankunft besteht nicht. Wird die Rückbeförderung innerhalb von vier Wochen beansprucht, so ist die Fracht für gebrauchte Packmittel zu berechnen. Zur Rückbeförderung nach dem Versandort müssen die Ladegeräte innerhalb von drei Monaten nach Ankunft aufgegeben werden.

Teil II

Güterart	Ladungsklasse	Güternummer (Gnr)
Packmittel, gebraucht	F	1630
Als tarifmäßige Inhaltsangabe im Frachtbrief kann auch die Bezeichnung der Art des Packmittels mit dem Zusatz „gebraucht“, z. B. gebrauchte Kisten, gebrauchte Säcke usw., unter der Voraussetzung verwendet werden, daß es sich bei den so bezeichneten Gütern tatsächlich um gebrauchte Packmittel handelt.		
Für neue Packmittel, die zur Füllung verwandt worden sind, wird auf Antrag im Erstattungsweg die Fracht unter folgenden Voraussetzungen nach der Klasse F berechnet und der Frachtunterschied erstattet:		
a) Die Packmittel müssen in gefülltem Zustand im Güterfernverkehr versandt worden sein.		
b) Es müssen übereinstimmen: Absender und Versandort der leeren neuen Packmittel mit Empfänger und Bestimmungsort der gefüllten Packmittel und außerdem: Empfänger und Bestimmungsort der leeren neuen Packmittel mit Absender und Versandort der gefüllten Packmittel.		

Erläuterungen

Zu 1630:

(1) Unter den Sammelbegriff „Packmittel“ fallen:

Die äußeren Umhüllungen (Umschließungen) eines Gutes (z. B. Kisten, Fässer, Säcke); Gegenstände, die auf ihre Außenfläche die Ware aufnehmen (z. B. Garnhülsen, Kabeltrommeln); Gegenstände, die der Ware als Unterlage dienen (z. B. Packdecken, Packmatten, Strohzöpfe); Gegenstände, die zum besonderen Schutz des Gutes dienen (z. B. Wolldecken zum Schutz sonst unverpackter Möbel); Binde- und Umschnürungsmittel (z. B. Stricke, Draht, Bandeisen), die zur Verpackung verwendet werden.

Die gebräuchlichsten Packmittel sind: Blechbüchsen, Blechdosen, Blechkanister, Blechkannen, Blechtrommeln, Bottiche. Drahtseiltrommeln, Druckgasflaschen, Fässer, Fischversandgefäße mit entleerten Sauerstoffapparaten, Flaschen (auch Korbflaschen und Demijohns, Arznei- und Parfümflaschen, ferner Flaschen mit Patentverschluß), Gestelle und Zwillingskisten für Rohglasscheiben. Glasballons, Harasse, Haspeln, Hülsen, Kabeltrommeln, Käfige, Kettenbäume, Kisten, Koffer, Körbe, auch Bienen-, Geflügel- und Geschoßtransportkörbe, Krüge, Kübel, Lattenkisten, Möbelkästen (sogenannte Lifts oder Liftvans), Packbretter, Packdecken, Packheu,

Packlatten, Packmatten, Packschilf, Packstroh, Packtücher, auch mit Bindestoffen, Rollen, Säcke, Schachteln, Spulen, Steigen, Tonballons, Transportkisten, Verschläge, Zuber.

Ferner gehören zu den Pamitteln:

gebrauchte Packmittel mit besonderen der Verpackung dienenden inneren Einrichtungen (z. B. mit Fächereinsätzen versehene Eierkisten und Flaschenkisten), gebrauchte Packmittel, die in solche verpackt sind,

gebrauchte Packmittel, die zum Zwecke der Ausbesserung verschickt werden oder die ausgebessert worden sind (z. B. gebrauchte Druckgasflaschen mit neuen Kappen und Füßen oder neuem Anstrich.

Die Bezeichnung „leer“ allein, z. B. „leere Kisten“, genügt nicht zur Anwendung der Tarifstelle.

(2) Nicht zu den Packmitteln im Sinne des Tarifs gehören:

Gegenstände, die nach Art und Zweck nicht der Beförderung, sondern der Aufbewahrung und Lagerung von Gütern oder der Aufnahme von Tieren dienen, z. B. Gärbottiche, Lagerfässer, Käfige und Boxen zur Aufnahme vom Kleintieren auf Ausstellungen, Fischglaskästen,

Bierfaßautomaten (Syphons),

Gestelle mit Achsen und Rädern, die zur Beförderung schwerer Gegenstände (Maschinen, Lokomotiven, Kesseln usw.) dienen,

Paletten (Boxpaletten, Flachpaletten, Gitterboxpaletten),

Patronenhülsen und Patronenrahmen,

Teile von gebrauchten Packmitteln, die für sich allein nicht als Packmittel verwendet und daher als solche nicht bezeichnet werden können, z. B. gebrauchte Flaschenkorken, Flaschenverschlüsse, Flaschenbruch, Faßteile, Glasscherben,

vollständig umgearbeitete Packmittel beim ersten Versand in ihrer neuen Form, Schutzkästen für Schreibmaschinen.

Diese Güter dürfen weder mit den in Abs. 1 der Erl. gebrauchten Benennungen noch als „Packmittel, gebraucht“, sondern müssen mit der für das Gut zutreffenden tarifmäßigen oder handelsüblichen Bezeichnung im Frachtbrief bezeichnet werden.

Güterart	Ladungsklasse	Güternummer (Gnr)
Paletten (Boxpaletten; Flachpaletten; Gitterboxpaletten) . . Als Paletten gelten hub- und stapelfähige Flurfördergeräte, die das Gut nicht von allen Seiten umschließen und nicht rollbar sind. Zugelassen: Zerlegen.	C/D	1631 1638 s Erl

Erläuterungen

Gnr 1631: Paletten aus Holz.

Gnr 1638: übrige.

Literaturverzeichnis

Bücher und Broschüren

Arbeitsgemeinschaft Spedition und Lagerei e. V.: Zahlen des Speditions- und Lagereigewerbes, Bonn 1962.

Baron, Joachim (Bearb.): Handbuch der Transporttechnik, Hamburg 1963.

Bönisch, Walter: Kundensatzfibel, Hamburg 1964.

Cordes, Herbert und Fritz Weitzel: Rationalisierung des Güterumschlags in Speditions- und Lagereibetrieben, Frankfurt/M. 1961.

Deutsche Bundesbahn: Güterwagen, Behälter, Paletten, Straßenroller, Huckepackverkehr, Frankfurt/M. 1960.

Deutsche Bundesbahn: Güterwagen, Großbehälter, Straßenroller, Huckepackverkehr, Frankfurt/M. 1961.

Deutsche Bundesbahn: Paletten, Kleinbehälter, Collico, Frankfurt/M. 1963.

Haussmann, Gustav: Gabelstapler, Wiesbaden 1962.

Krausskopf-Verlag: Förderwesen im Lager, Fachberichte Fördern und Heben, Wiesbaden 1961 und 1963.

Krempler, Franz: Besser transportieren, Wien 1963.

Krempler, Franz: Neuzeitliches Transportieren, Wien 1958.

Lahde, Helmuth, Erwin Fein und Peter Müller: Handbuch moderner Lagerorganisation und Lagertechnik, München 1962.

Meyercordt, Walter: Behälter und Paletten, Darmstadt 1960.

Meyercordt, Walter: Flurfördermittel, Hebezeuge, Stetigförderer, Darmstadt 1963.

Rationalisierungsgemeinschaft Verpackung im RKW, Arbeitskreis „Palettenverpackung": Anpassung der Verpackungsabmessungen an die genormten Paletten, RGV-Merkblatt, Berlin 1959.

Röper, Carl: Palettenpool, Düsseldorf 1960.

Schweizerische Studiengesellschaft für rationellen Güterumschlag: Goldene Pakkungen, Bern.

Stein: Heben — Fahren — Stapeln, Berlin 1960.

Verein Deutscher Ingenieure (Beuth-Vertrieb): VDI-Richtlinien, Berlin und Köln 1962.

Tarife

Arbeitsgemeinschaft Güterfernverkehr im Bundesgebiet e. V., Frankfurt/M.: Reichskraftwagentarif (RKT), Teil II, gültig ab 1. 1. 1963.

Arbeitsgemeinschaft Spedition und Lagerei e. V., Bonn: Bahnamtlicher Rollgebührentarif, gültig ab 16. 5. 1963.

Arbeitsgemeinschaft Spedition und Lagerei e. V., Bonn: Kundensatzzeiger für den Spediteur-Sammelgutverkehr mit Eisenbahn und Kraftwagen, gültig ab 1. 7. 1963.

Deutsche Bundesbahn (Tarifbüro der Bundesbahndirektion Hannover): Deutscher Eisenbahn-Gütertarif (DEGT), Teil I Abs. B, gültig ab 1. 1. 1959.

Zeitschriften

Allgemeine Information der Bremer Landesbank, Jahrgang 1963.

Berliner Wirtschaft, Berlin, Jahrgang 1962.

DB-Kundenbrief, Frankfurt/M., Jahrgänge 1960, 1961, 1962, 1963 und 1964.

Der Behälterverkehr, Bielefeld, Jahrgang 1958.

Der kombinierte Verkehr, Bad Godesberg, Jahrgänge 1960 und 1961.

Der Spediteur, Mitteilungsblatt der Arbeitsgemeinschaft Spedition und Lagerei e. V., Bonn, Jahrgang 1964.

Der Transportberater, Frankfurt/M., Jahrgänge 1961 und 1962.

DVZ, Deutsche Verkehrs-Zeitung, Hamburg, Jahrgänge 1960, 1961, 1962, 1963 und 1964.

Fischer's Tarif-Nachrichten, Düsseldorf, Jahrgang 1962.

Fördern und Heben, Wiesbaden, Jahrgang 1962.

Hamburger Hafen-Nachrichten und Schiffsabfahrten, Hamburg, Jahrgang 1961.

Intercontinentale, Wien, Jahrgänge 1962—1964.

Internationale Transport-Zeitschrift, Basel, Jahrgang 1962.

Rationeller Transport, Frankfurt/M., Jahrgänge 1962 bis 1964.

Transport-Dienst, Hamburg, Jahrgänge 1962 und 1963.

Verkehr, Wien, Jahrgang 1962.

Verkehrs-Wirtschaft mit „Der Kraftverkehr", Düsseldorf, Jahrgänge 1962, 1963 und 1964.

Wirtschafts-Correspondent, Hamburg, Jahrgang 1962.

Rundschreiben

Rundschreiben der Arbeitsgemeinschaft Güterfernverkehr im Bundesgebiet e. V., Frankfurt/M.

Rundschreiben der Arbeitsgemeinschaft Spedition und Lagerei e. V., Bonn.

DBD Behälter-Ring, Rundschreiben Deutscher Behälter-Dienst GmbH, Frankfurt/M.

Mitteilung der Studiengesellschaft für den kombinierten Verkehr e. V., Frankfurt/M.

Rundschreiben des Internationalen Behälterbüros, Paris.

Stichwortverzeichnis

GPSR Compliance

The European Union's (EU) General Product Safety Regulation (GPSR) is a set of rules that requires consumer products to be safe and our obligations to ensure this.

If you have any concerns about our products, you can contact us on ProductSafety@springernature.com

In case Publisher is established outside the EU, the EU authorized representative is:

Springer Nature Customer Service Center GmbH
Europaplatz 3
69115 Heidelberg, Germany

Batch number: 10584556

Printed by Printforce, the Netherlands